Yunusa Adamu Ugya
Tijjani Sabiu Imam
Salisu Muhammad Tahir

Tendências emergentes na despoluição

Yunusa Adamu Ugya
Tijjani Sabiu Imam
Salisu Muhammad Tahir

Tendências emergentes na despoluição

ScienciaScripts

Imprint
Any brand names and product names mentioned in this book are subject to trademark, brand or patent protection and are trademarks or registered trademarks of their respective holders. The use of brand names, product names, common names, trade names, product descriptions etc. even without a particular marking in this work is in no way to be construed to mean that such names may be regarded as unrestricted in respect of trademark and brand protection legislation and could thus be used by anyone.

Cover image: www.ingimage.com

This book is a translation from the original published under ISBN 978-3-330-33183-9.

Publisher:
Sciencia Scripts
is a trademark of
Dodo Books Indian Ocean Ltd. and OmniScriptum S.R.L publishing group

120 High Road, East Finchley, London, N2 9ED, United Kingdom
Str. Armeneasca 28/1, office 1, Chisinau MD-2012, Republic of Moldova, Europe
Managing Directors: Ieva Konstantinova, Victoria Ursu
info@omniscriptum.com

Printed at: see last page
ISBN: 978-620-8-38181-3

Resumo

Este capítulo trata da contribuição da indústria química para a poluição da água. Como a poluição da água se tornou uma realidade global, atraiu a atenção da sociedade devido ao aumento da população e à adoção de um estilo de vida marcado pela indústria. Para chegar à conclusão, foram utilizados temas como as fontes de poluição, os tipos de poluição da água, as propriedades ecológicas dos produtos químicos e alguns estudos de caso de alguns rios nigerianos.

Palavras chave: poluição, águas residuais, plantas, controlo de organismos, Kaduna

1.0 Introdução

A poluição da água é uma das maiores ameaças que o mundo enfrenta atualmente e há uma consciência crescente da necessidade de água limpa para uma vida tranquila e uma melhor saúde das pessoas (Bhaita, 2011). No entanto, o aumento constante da população mundial levou à adoção gradual de um estilo de vida industrial, o que conduziu inevitavelmente a um aumento da poluição da água (Ugya *et al.*, 2015a).

Durante a produção na indústria química, é possível que vários poluentes acabem na água (Ugya *et al.*, 2015b).

Estes poluentes são produzidos num esforço para melhorar o nível de vida das pessoas, mas, ironicamente, a sua introdução não planeada no ambiente pode inverter esse mesmo nível de vida ao ter um impacto negativo no ambiente (Xiaomeil *et al.*, 2004; Subhashini *et al.*, 2013).

As águas residuais da indústria química podem infiltrar-se nos aquíferos e poluir as águas subterrâneas ou, se forem descarregadas nos cursos de água sem tratamento adequado, os poluentes não podem ser contidos dentro de certos limites e, por conseguinte, têm um enorme impacto na vida aquática (Pickering e Owen, 1997; Ugya et al., 2015c, Aliyu et al., 2016).

Capítulo 1

1.1 Fonte de poluição da água

Existem muitas causas para a poluição da água, mas há duas categorias principais: fontes diretas e indirectas de poluição da água.

1.1.1 Poluição de origem pontual

As fontes pontuais de poluição da água são definidas como aquelas que têm origem num ponto conhecido, por exemplo, um tubo a partir do qual um poluente pode ser descarregado num lago ou num rio.

Quase todas as cidades, vilas e aglomerações da orla marítima descarregam alguma forma de poluição nas águas de superfície. Os dejectos humanos recolhidos nos esgotos e transportados para as estações de tratamento municipais acabam por ser descarregados nas águas de superfície sob a forma de águas residuais tratadas. Os sistemas mais antigos, que combinam esgotos e águas pluviais, descarregam águas residuais não tratadas em rios ou lagos durante chuvas fortes, o que sobrecarrega o sistema de esgotos. No entanto, em geral, os processos de tratamento removem os sólidos e muitos poluentes químicos, e desinfectam as águas residuais tratadas para matar os organismos causadores de doenças antes de as descarregarem no meio recetor.

Quase todas as indústrias utilizam água nos seus processos de fabrico ou na produção de matérias-primas e energia. A água pode absorver poluentes quando é utilizada para fabricar um produto ou limpar uma área de produção. Ao pré-tratar as águas residuais antes de as descarregar nos esgotos ou diretamente nas águas superficiais, os metais e outros produtos químicos valiosos podem ser recuperados, poupando dinheiro às empresas e reduzindo a poluição.

Grandes quantidades de água são retiradas dos rios para remover o excesso de calor dos processos industriais. A água de arrefecimento passa sobre superfícies de permuta de calor que transferem calor para a água, aumentando a sua temperatura. O sector da eletricidade é o maior consumidor de água de arrefecimento nas centrais eléctricas a vapor. Embora a água de arrefecimento em si não seja transformada em vapor, a sua temperatura pode aumentar vários graus. Se a temperatura exceder os limites legais, a água tem de passar por bacias ou torres de arrefecimento que baixam a sua temperatura antes de ser descarregada.

1.1.2 Fontes de poluição não pontuais

As fontes pontuais de poluição da água são aquelas que não podem ser rastreadas até um ponto específico, como um cano de esgoto. A poluição de origem pontual flui e infiltra-se sem tratamento em lagos, cursos de água e águas subterrâneas a partir de relvados e jardins urbanos, superfícies pavimentadas, estaleiros de construção, taludes, campos agrícolas, florestas e outras áreas terrestres.

Nas zonas urbanas, uma grande percentagem das quais está coberta por telhados, estradas e parques de estacionamento, a chuva e a neve derretida escoam-se rapidamente para os lagos e rios através dos esgotos e dos colectores de águas pluviais. Este escoamento urbano pode conter poluentes de outras fontes que não o tráfego rodoviário, como lixo, resíduos de animais domésticos, fertilizantes para relvados e herbicidas, bem como óleos, metais pesados, sais de degelo e outros poluentes provenientes de veículos. Para além disso, as grandes quantidades de água da chuva que escorrem rapidamente das superfícies pavimentadas para os rios podem causar inundações, corroendo as margens dos rios e destruindo os habitats naturais.

A agricultura moderna depende de fertilizantes químicos, pesticidas e irrigação para produzir culturas de alta qualidade para consumo humano e animal. Para maximizar o rendimento das culturas, são aplicados fertilizantes azotados no solo. Além disso, o fósforo e outros minerais importantes também podem ser aplicados se estiverem ausentes ou esgotados no solo. Para melhorar a produção, são frequentemente utilizados herbicidas nas terras cultivadas para controlar as ervas daninhas e insecticidas para controlar os insectos. Nem todos os fertilizantes e pesticidas permanecem no local onde são aplicados, pelo que alguns são libertados para a atmosfera, infiltram-se nas águas subterrâneas ou escorrem para lagos e rios, onde podem causar problemas de poluição.

As partículas de solo que sofrem erosão nas zonas cultivadas podem ser transportadas pela água corrente para lagos e ribeiros. Aí, as partículas finas preenchem os espaços entre a areia natural, o cascalho e as pedras, transformando os sedimentos superficiais que constituem o habitat bentónico (o solo) em lodo e lama de grão fino. As partículas finas podem não só esmagar os habitantes do fundo, mas também alterar as interações entre os sedimentos e a água.

Os dejectos dos animais conduzem à poluição da água, por exemplo, quando se permite que o gado bovino ou ovino pastem perto de cursos de água. Os resíduos depositados pelos animais podem introduzir nutrientes e organismos patogénicos na água, o que é problemático tanto para os organismos aquáticos como para a população humana que utiliza a água.

Os locais de eliminação confinados, como este no Lago Erie, são áreas onde o material dragado é eliminado. Embora os resíduos estejam confinados, os poluentes podem ser libertados para a massa de água recetora.

A chuva e a neve são consideradas por algumas pessoas como sendo relativamente "puras", mas os gases e as partículas libertados para a atmosfera pelas actividades humanas e por fenómenos naturais como os vulcões podem contaminar a precipitação que cai na terra. A queima de combustíveis fósseis liberta dióxido de carbono, bem como compostos de azoto e enxofre para a atmosfera, que tendem a tornar a precipitação mais ácida. Nas regiões do mundo onde a geologia não contém minerais capazes de amortecer os efeitos dos ácidos, a acidez dos lagos e rios pode ser aumentada, por exemplo, pelas "chuvas ácidas" provenientes de zonas industriais. Além disso, a precipitação pode também conter nutrientes, metais pesados (por exemplo, mercúrio) e compostos orgânicos que tenham sido libertados para a atmosfera e transportados com a precipitação.

1.2 Tipos de poluição da água

A poluição da água pode ser dividida em duas categorias, consoante a sua origem.

1.2.1 Poluição das águas subterrâneas

As actividades humanas estão atualmente a conduzir a uma quantidade alarmante de resíduos industriais, domésticos e agrícolas que entram nos reservatórios de águas subterrâneas. A contaminação das águas subterrâneas é geralmente irreversível, o que significa que, uma vez contaminadas, é difícil restaurar a qualidade inicial da água do aquífero. A mineralização excessiva das águas subterrâneas deteriora a qualidade da água, provocando sabor e odor desagradáveis e dureza excessiva. Embora o manto de solo através do qual a água flui, com a sua capacidade de troca catiónica, adsorva uma grande proporção de iões coloidais e solúveis, a água subterrânea não está totalmente livre da ameaça de poluição crónica (Bhaita, 2011).

1.2.2 Poluição das águas superficiais

A descarga de poluentes em águas como lagos, rios e mares é conhecida como poluição das águas de superfície. As águas de superfície estão a ser exploradas em resultado do crescimento demográfico, da industrialização e da urbanização, uma vez que poluentes como esgotos e resíduos, partículas e minerais do solo, poluentes tóxicos dissolvidos, compostos minerais e químicos, nuclídeos radioactivos, poluição térmica e produtos químicos orgânicos exóticos são descarregados nessas águas com ou sem tratamento adequado.

O aporte excessivo de nutrientes conduz à eutrofização, ou seja, o excesso de nutrientes provoca a proliferação de pequenas plantas junto à superfície. Esta proliferação de algas impede a penetração da luz solar nas profundezas do mar, pelo que a fotossíntese é reduzida ou pára.

A poluição grave também ocorre quando as águas residuais contêm produtos químicos produzidos pelo homem, como pesticidas, fertilizantes e metais pesados. Estes tendem a concentrar-se cada vez mais através da bioacumulação, à medida que sobem na cadeia alimentar.

1.3.1 Caraterísticas ecológicas dos produtos químicos

As principais caraterísticas das substâncias químicas são a toxicidade, a persistência e a especificidade.

1.3.2 Toxicidade

Para uma determinada espécie, a toxicidade é definida pela dose letal 50 (LD_{50}). Esta é a dose única que mata metade de uma população experimental no laboratório. Na prática, se o organismo for submetido a um stress adicional, uma proporção maior pode morrer. No entanto, por definição, a toxicidade é a capacidade de uma molécula ou composto químico causar danos assim que atinge um local sensível no corpo.

1.3.3 Persistência

É o período de tempo que uma substância química permanece no ambiente, incluindo no corpo. Sem ser degradada. Um exemplo de uma substância química persistente é o organoclorado DDT. Embora a persistência seja geralmente uma propriedade indesejável, particularmente nos alimentos, uma persistência tão longa é muito prejudicial.

A toxicidade e a persistência estão ligadas no sentido em que uma substância química letal mas não persistente pode causar menos danos a longo prazo do que uma substância química subletal e persistente. Isto deve-se ao facto de esta última ter mais probabilidades de ser absorvida pela cadeia alimentar, onde pode ser transformada numa forma mais tóxica ou acumular-se mais facilmente nos predadores no início da cadeia até atingir uma concentração tóxica.

1.3.4 Específico

Um produto químico tem um espetro de ação diferente nos organismos. Os produtos químicos de espetro estreito actuam apenas sobre um número limitado de organismos, enquanto os produtos químicos de espetro alargado actuam sobre um grande número de organismos. Um estudo sobre a utilização de pirimicarbs mostra que o produto químico apenas mata anfíbios e moscas, mas não actua sobre os escaravelhos e a maioria dos outros invertebrados. Outro estudo mostra que o dalapon mata as plantas monocotiledóneas, mas não as dicotiledóneas.

Por outro lado, estudos realizados com DDT para controlar o verme da couve em couves-de-bruxelas mostraram uma boa eficácia inicial, mas revelaram um reaparecimento das larvas da borboleta.

1.4.1 **Poluição Estudo de caso de vários rios na Nigéria**

1.4.2 **Poluição Estudo de caso do rio Kano**

Um estudo da bacia hidrográfica do rio Kano, a principal fonte de abastecimento de água da aglomeração de Kano, mostra que o rio recebe águas residuais industriais das zonas industriais de Sharada e Challawa. Dos três principais rios desta bacia hidrográfica, o rio Salanta é o mais poluído por águas residuais industriais, com uma CQO de 8.557,4 mg/l, um teor de sólidos totais de 16.934,6 mg/l, uma dureza de 1.349,6 mg/l de CaCO3 e um teor de azoto amoniacal de 5.150,0 mg/l. O rio Challawa tinha uma CQO de 598,7 mg/l, um teor de sólidos totais de 1 609,9 mg/l, uma dureza de 1 332,0 mg/l de CaCO3 e um **teor de azoto amoniacal** de 400 mg/l. Ambos desaguam no rio Kano, onde a CQO era de 1 166,9 mg/l, os sólidos totais de 1 458,0 mg/l, a dureza de 2 506,8 mg/l e **o azoto amoniacal** de 530 mg/l. Embora estes rios sejam amplamente utilizados para abastecimento de água, irrigação e pesca, a qualidade da água foi considerada inadequada para estas utilizações. O documento sugere que **o pré-tratamento** das águas residuais por todas as indústrias, a cobrança de impostos diretos sobre as águas residuais industriais pela autoridade reguladora e a monitorização e controlo contínuos são necessários para garantir a proteção dos recursos hídricos da bacia hidrográfica (Bichi e Anyata, 1999).

1.4.3 **Estudo de caso sobre a poluição do rio Kaduna**

O rio Kaduna é a principal fonte de água da cidade de Kaduna e de numerosas indústrias. É utilizado não só para o abastecimento de água, mas também para a recolha de resíduos industriais e domésticos. Alguns agricultores ao longo do rio também utilizam a água para irrigar as suas culturas alimentares, nomeadamente hortícolas, durante a estação seca. As águas residuais descarregadas no curso de água recetor e os seus perigosos efeitos cumulativos no ambiente têm recebido muita atenção devido à rápida industrialização da sociedade moderna (Morrison *et al.*, 2001). A avaliação do impacto destes poluentes nocivos neste ambiente é, por conseguinte, de grande importância. Kaduna (10.52°N, 7.44°E) está localizada no Estado de Kaduna e ocupa uma posição central no norte da Nigéria (Kaduna, 2004). A nível industrial, é uma das cidades mais desenvolvidas do norte da Nigéria, sendo os têxteis, as cervejeiras e as fábricas algumas das indústrias dominantes.

O rio Kaduna nasce nas colinas de Kujama, no planalto de Jos, na Nigéria, e corre durante 210 km antes de atingir a cidade de Kaduna, estendendo-se depois por 100 km até à área do projeto da barragem de Shiroro, onde finalmente desagua no Níger (KEPA, 1998).

Os resíduos industriais e domésticos, que contêm uma elevada concentração de nutrientes microbianos, favorecem aparentemente o recrudescimento de níveis significativamente elevados de coliformes.

O estudo efectuado no rio Kaduna mostra que o teor de metais pesados está fortemente correlacionado com a CBO, a CQO e a %TOC, o que indica poluição. Os valores de metais encontrados nas amostras de água variaram de 0,04-0,29 mg L-1 para Mn, 0,05-0,32 mg L-1 para Cu, 0,10-3,62 mg L-1 para As, 0,08-0,10 mg L-1 para Cd, 0,22-1,10 mg L-1 para Fe, 0,25-0,70 mg L-1 para Zn, 1,722,50 mg L-1 para Hg e 0,50-0,90 mg L-1 para Pb. Os resultados mostram que as concentrações de metais pesados, CBO e CQO estão acima dos limites recomendados pela Agência Federal de Proteção Ambiental da Nigéria (FEPA) e pela Organização Mundial de Saúde (OMS)/União Europeia (UE).

1.4.4 **Estudo de caso sobre a poluição na região do Delta do Níger, na Nigéria**

A amostragem das águas superficiais de alguns rios selecionados na região do Delta do Níger mostrou que o rio Anieze em Port-Harcourt continha seis (6) PAH - acenafteno (0,015 mg/l), 1,2-benzantraceno (0.004 mg/l), benzo(b)fluoranteno (0,064 mg/l), benzo(g,h,i)perileno (0,009 mg/l), dibenzo(a,h)antraceno (0,040 mg/l) e criseno (0,015 mg/l). O rio Orash continha criseno (0,017 mg/l) e fluoreno (0,109 mg/l). Apenas o rio Ifie-Kporo, no Estado do Delta, continha dibenzo(a,h)antraceno (4,350 mg/l), enquanto nenhuma das amostras de água de Bayelsa continha qualquer um dos 16 PAH. Os hidrocarbonetos alifáticos de cadeia reta na gama C8 a C14 não foram detectados na maioria das amostras, enquanto os C15 a C40 foram detectados na maioria das amostras, com as concentrações mais elevadas a mais baixas encontradas nas amostras de água dos Estados de Rivers, Delta e Bayelsa. Foram registadas temperaturas superiores a 30°C em algumas águas e o teor mais elevado de cloretos foi encontrado no rio Ozubo (Estado de Rivers), com 17 198,00±0,06 mg/l e 15 850,00±0,03 mg/l, nas estações seca e das chuvas, respetivamente. O pH de todas as amostras estava dentro dos limites internacionalmente reconhecidos, com exceção do Egbo Creek (pH 5,53), Olomoro Mine Creek (pH 5,79) e Ughewhe Creek (pH 5,32), todos no Estado do Delta, enquanto o rio Orash (pH 5,22) (Nduka e Orisakwe, 2010).

1.4.5 **Poluição Estudo de caso da barragem de Hadeija no Estado de Jigawa**

Numa pesquisa realizada por Azubuike (2014), foram apresentados os seguintes resultados sobre a poluição da barragem de Hadeija. É absolutamente correto que os resultados apresentados numa resposta a um projeto de investigação, ou seja, os problemas e perspectivas da vida aquática na barragem de Hadeija, incluam os seguintes factos.

1. Inundação inesperada da barragem, transportando e expondo organismos aquáticos a uma longa distância
2. Drenagem de massas de água ou reservatórios que limitam as actividades do organismo
3. Não é possível oferecer um vasto leque de possibilidades de adaptação ao meio aquático, uma vez que a maioria das espécies de zooplâncton pitão vive nas águas doces da região, mas poucas preferem os estuários e os meios salgados.
4. Tanto o zooplâncton como o fitoplâncton da região têm adaptações particulares que lhes permitem desenvolver as suas actividades na barragem.
5. As águas turvas reduzem a penetração do oxigénio e do dióxido de carbono, o que tem um impacto no crescimento do fiton e do zooplâncton.
6. As leis adoptadas pelo governo para poupar água permitem que o organismo se reproduza e cresça dentro de um determinado período de tempo.
7. O reconhecimento contemporâneo do meio aquático conduziu a uma redução drástica da produtividade e à maximização das populações.
8. A população, que parece ser discutida em todo o lado, não tem qualquer influência no crescimento e na produtividade da barragem, tal como os poluentes afectam a vida aquática.
9. A falta de controlo e de aconselhamento por parte dos organismos competentes limitou o sucesso destes organismos nas águas.
10. A remoção de ervas daninhas e plantas aquáticas não favorece o crescimento de organismos na barragem.
11. eutrofização, que desempenha um papel negligenciável na morte das algas na barragem. A decomposição das algas pelas bactérias, que consomem oxigénio durante a sua respiração celular, afecta assim a vida na água da barragem.
12. A utilização de equipamento técnico e científico e a existência de pessoal adequado por parte da autoridade permitem que a barragem seja corretamente gerida e controlada para garantir o crescimento máximo de todas as espécies.
13. É óbvio que as plantas são produtoras, produzindo primeiro antes dos consumidores primários e secundários. Por conseguinte, o ecossistema da barragem deve ser estável para garantir o máximo crescimento e produtividade dos organismos aquáticos na barragem. A má prática de utilizar produtos químicos na pesca para maximizar as capturas e o mau hábito dos humanos de deitarem produtos tóxicos e resíduos na barragem devem ser reduzidos, se não eliminados.

1.4.5 Estudo de caso da poluição das águas do Benoué na área metropolitana de Jimeta/Yola, Estado de Adamaoua

A água do Benoué é amplamente utilizada na região para fins domésticos, recreativos, industriais e de irrigação. Durante a estação seca, que vai de outubro a abril de cada ano, são cultivados produtos hortícolas comestíveis. Para além da pesca, o rio serve também de via de transporte de bens e serviços provenientes da vizinha República dos Camarões. Todas estas actividades económicas são viáveis e proporcionam um meio de subsistência às pessoas comuns da região.

As análises efectuadas por Hong et al (2014) mostram que a turvação, os sólidos totais, os sólidos totais dissolvidos, os sólidos totais em suspensão e os nitratos se situam nos seguintes intervalos, respetivamente: (106,4 - 383,2NTU), (403,3 - 1291mg/l), (370,3 - 983,8mg/l), (223,0 - 1391,6mg/l) e (1,03 - 55,84mg/l). Os resultados para as concentrações de metais pesados são Mn (0,0004 - 2,04mg/l), Cu (0,0003 - 1,53mg/l), Cd (0,0002 - 0,59mg/l), Cr (0,0002 - 0,36mg/l) e Pb (0,0002 - 0,12mg/l) e estão na ordem Mn > Cu > Cd > Cr > Pb. Os resultados mostraram que as caraterísticas físico-químicas e as concentrações de metais pesados no rio são ligeiramente superiores aos valores máximos estabelecidos pelo Ministério Federal do Ambiente da Nigéria (FME) e pela OMS (2004). Concluiu-se, portanto, que o rio Benue na área metropolitana de Jimeta/Yola estava moderadamente poluído por metais pesados.

1.4.6 Estudo de caso sobre a poluição do rio Argungu

O rio Argungu, que corre ao longo da cidade de Argungu, é famoso pelo seu festival anual de pesca. Embora a pesca seja limitada no rio, as actividades humanas, como o despejo de resíduos, a lavagem e o fabrico de pequenos blocos de cabanas, estão a aumentar ao longo das margens do rio, não tendo sido observado qualquer trabalho que tenha comunicado concentrações de metais pesados no rio Argungu.

A avaliação das concentrações de metais pesados selecionados no rio Argungu por Obaroh *et al.* (2015) mostra que o níquel e o cobre foram mais elevados em julho, com valores médios de 1,02±0,02 e 1,81±0,23 mg L-1 respetivamente, enquanto o chumbo e o crómio foram mais elevados em setembro, com valores médios de 13,12±0,18 e 0,14±0,05 mg L-1 respetivamente. Os valores médios±SD para os oito metais pesados analisados mostraram que o níquel, o ferro, o chumbo e o cádmio excederam o limite permitido durante todo o período de estudo (níquel 0,02, ferro 0,30, chumbo 0,01 e cádmio 0,003 mg L-1). No entanto, os níveis de zinco mantiveram-se abaixo do limite permitido pela Organização Mundial de Saúde (OMS) durante todo o período de estudo. A maior parte das concentrações mais elevadas de metais pesados foram observadas no início e durante a estação das chuvas. As concentrações elevadas de certos metais pesados no rio podem ser o resultado da atividade humana, que se concentra principalmente nas margens do rio e no escoamento durante a estação das chuvas. O estudo sugere que certas espécies de peixes podem ser ameaçadas pelas elevadas concentrações da maioria dos metais pesados, daí a necessidade de uma gestão eficaz e sustentável das pescas para controlar a atividade humana ao longo das margens do rio.

Conclusão

Este estudo concluiu que as propriedades físico-químicas e biológicas da água são efetivamente alteradas pelas descargas da indústria química. Recomenda-se, portanto, que a autoridade de controlo garanta que a água seja devidamente tratada por métodos químicos e biológicos antes de ser descarregada no meio aquático.

Referências

Aliyu, Y., Toma, I.M. e Ugya, A.Y. (2016) Efeitos do método eletromagnético de muito baixa frequência (VLFEM) e alterações físico-químicas no matadouro de Zango, *Bayero Journal of Pure and Applied Sciences,* 9(1): 32 - 38

Azubuike Adams (2014); The problems and prospects of Aquatic life in Hadejia Dam, Jigawa State Nigeria, Journal of Biology, Agriculture and Healthcare www.iiste.org ISSN 22243208 (Paper) ISSN 2225-093X (Online) Vol.4, No.14, 81

Bhaita, S.C. (2011). *"Poluição ambiental e controlo nas indústrias de processos químicos".* 2 nd Edition, Kanna Publishers India pp 1273.

Bichi M.H e Anyata B.U (1999) Industrial Waste Pollution in the Kano River Basin, *Environmental Management and Health* vol 10 (2) pg 112-116

Hong, Aliyu Haliru, Law, Puong Ling, Selaman, Onni Suhaiza. Avaliação da qualidade físico-química dos poluentes na água do rio Benue na área metropolitana de Jimeta/Yola, Estado de Adamawa, Nordeste da Nigéria. *Jornal Americano de Proteção Ambiental.* Vol. 3, No. 2, 2014, pp. 90-95. doi : 10.11648/j.ajep.20140302.18

KEPA, 1998. Estudo sobre a poluição e o potencial de reabilitação do rio Kaduna e seus afluentes. Submetido à FEPA Abuja, Nigéria, 3: 3-20.

Morrison, G., O.S. Fatoki, L. Persson e A. Ekberg, 2001. Assessment of the effects of point source pollution from the Keiskammahoek Wastewater Treatment Plant on the Keiskamma River - pH, electrical conductivity, oxygen demand (COD) and nutrients. Water SA, 27: 475-480.

Nduka, J.K e Orisakwe O.E (2010) Problemas de qualidade da água no Delta do Níger, Nigéria: hidrocarbonetos poliaromáticos e de cadeia linear em águas de superfície selecionadas. *Água Qual Expo Santé.* 2:65.

Obaroah I.O., Abubakar U., Haruna M.A, Elinge M.C (2015) Avaliação da concentração de alguns metais pesados no rio Argungu. Jornal de Pescas e Ciências Aquáticas, 10:581-586

Pickering, K.T. e Owen, L.A. (1997). Water Resources and Pollution (Recursos Hídricos e Poluição). In: An Introduction To Global Environmental Issues 2nd (Eds). Londres, Nova Iorque. Pp. 187-207.

Subhashini V, Swamy A.V.V.S e Hema K.R. (2013). Fitorremediação Emergente e Tecnologia para a Captação de Cádmio O Solo Contaminado por Espécies Vegetais. Int Journal Of Environ 2003; (4) 0976-4402.

Xiaomei, Lu., Maleeya Kruatrachue, Prayad Pokethitiyook e Kunaporn Homyok (2004). Remoção de cádmio e zinco por jacinto de água, S. Scienceasia; 30: 93-103.

Ugya, A.Y., S.A. Umar e A.S. Yusuf, (2015a) Assessment of well water quality: A case study of Kaduna South local government area, Kaduna state Nigeria. Merit Res. J. Environ. Sci Toxicol, 3: 39-43.

Ugya, A.Y. e T.S. Imam, 2015. A eficiência de *Eicchornia crassipes* na fitorremediação de águas residuais da Refinaria de Kaduna e da empresa petroquímica. IOSR J. Environ. Sci. Toxicol. Food Technol, 9 : 43-47.

Ugya, A.Y., I.M., Toma e Abba A. (2015b) Estudos comparativos sobre a eficácia de Lemna minor L., Eicchornia crassipes e Pistia stratiotes na fitorremediação de águas residuais de refinaria. *Revista Ciências do Mundo* 10(3)

A contribuição da indústria química para a poluição atmosférica: uma breve panorâmica

Ugya A.Y

Departamento de Ciências da Vida, Universidade Bayero de Kano, Estado de Kano. Nigéria

Resumo

O fenómeno da poluição atmosférica envolve uma sequência de acontecimentos: a formação de poluentes, a sua libertação a partir de uma fonte, o seu transporte e transformação, a sua remoção da atmosfera e os seus efeitos sobre as pessoas, os materiais e os ecossistemas. A EPA estabeleceu Normas Nacionais de Qualidade do Ar (NAAQS) para seis dos poluentes atmosféricos mais comuns - monóxido de carbono, chumbo, ozono troposférico, partículas finas, dióxido de azoto e dióxido de enxofre - conhecidos como poluentes atmosféricos "critérios" (ou simplesmente "poluentes critérios"). A presença destes poluentes no ar deve-se geralmente a muitas fontes de emissão diferentes e generalizadas. As NAAQS primárias são estabelecidas para proteger a saúde pública. A EPA também estabelece NQAQS secundárias para proteger o bem-estar público dos efeitos adversos dos poluentes critérios, incluindo a proteção contra a redução da visibilidade ou danos em animais, culturas, vegetação ou edifícios. Uma vez que, em geral, é economicamente inviável ou tecnicamente impossível conceber processos que não produzam absolutamente nenhuma emissão de poluentes atmosféricos, tentamos controlar as emissões de modo a que os efeitos sejam nulos ou mínimos. Este relatório analisa o papel da indústria química na poluição atmosférica.

Capítulo 2

2.0 Introdução

A poluição atmosférica pode ser definida como qualquer condição atmosférica em que certas substâncias estão presentes em concentrações tais que podem ter efeitos indesejáveis nos seres humanos e no seu ambiente. Estas substâncias incluem gases (óxido de enxofre, óxido de azoto, monóxido de carbono, hidrocarbonetos, etc.), partículas finas (fumo, poeiras, vapores, aerossóis), substâncias radioactivas e muitas outras. A maioria destas substâncias está presente na atmosfera em baixas concentrações (concentração de fundo) e são geralmente consideradas inofensivas (Bhaita, 2011).

2.1 Poluentes atmosféricos, fontes e efeitos

A diversidade das substâncias emitidas para a atmosfera por fontes naturais e antropogénicas é tal que se torna difícil classificar os poluentes atmosféricos de forma clara. O quadro 2.1 apresenta uma panorâmica dos principais poluentes atmosféricos, das suas fontes e dos seus efeitos:

Quadro 2.1: Principais poluentes atmosféricos, suas fontes e efeitos

Poluente	Descrição	Fontes	Consequências
Carbono Monóxido (CO)	O CO é um gás inodoro, incolor e tóxico que se forma durante a combustão incompleta de combustíveis fósseis (gasolina, petróleo, gás natural).	Os automóveis, os camiões, os autocarros, os pequenos motores e certos processos industriais são as principais fontes. Os fogões a lenha, o fumo dos cigarros e os incêndios florestais são também fontes de CO.	O CO afecta a capacidade do sangue para transportar oxigénio, abranda os reflexos e provoca sonolência. Em concentrações elevadas, o CO pode causar a morte. As dores de cabeça e o stress cardíaco podem ser o resultado da exposição ao CO.
Nitrogénio Óxidos (NOx)	O azoto e o oxigénio combinam-se durante a combustão para formar óxidos de azoto. Muitos óxidos de azoto são gases incolores e inodoros.	Os NOx provêm da combustão de combustíveis em veículos a motor, centrais eléctricas, caldeiras industriais e outras fontes industriais, comerciais e residenciais que queimam combustíveis.	O NOx pode tornar o corpo vulnerável a infecções respiratórias, doenças pulmonares e possivelmente cancro. O NOx contribui para a formação de névoa castanha nas zonas urbanizadas e para as chuvas ácidas. O NOx dissolve-se facilmente na água e forma ácidos que podem provocar a corrosão dos metais e a descoloração/deterioração dos têxteis.
Enxofre Dióxido (so2)	O SO2 é um gás produzido por interações químicas entre o enxofre e o oxigénio.	A maior parte do SO2 provém da combustão de combustíveis fósseis (gasolina, petróleo, gás natural). É emitido pelas refinarias de petróleo,	O SO2 dissolve-se facilmente na água e forma um ácido que contribui para a chuva ácida. Os lagos, as florestas, os metais e as rochas podem ser danificados.

		Fábricas de papel, de produtos químicos e de incineração de carvão Centrais eléctricas.	pela chuva ácida.
Fugace **Biografia** **Ligações** **(COV)**	Os COV são compostos orgânicos (que contêm carbono) que se evaporam facilmente. A gasolina, o benzeno, o tolueno e o xileno são exemplos de COV.	Os COV são emitidos sob a forma de gases (vapores). As fontes de COV incluem os combustíveis, os solventes, os detergentes, as tintas e as colas. Os automóveis são uma das principais fontes de COV.	Os COV contribuem para a formação de smog e podem causar problemas de saúde graves, como o cancro. Podem também danificar as plantas.
Partículas **As partículas finas (PM), também conhecidas como** **como** **Partículas** **Poluição**	As partículas finas são um termo utilizado para descrever matéria sólida muito pequena. Fumo, cinzas, fuligem, poeiras, chumbo e outras partículas provenientes da combustão de combustíveis são exemplos de alguns dos compostos que constituem as partículas finas.	Algumas partículas são emitidas diretamente por automóveis, camiões, autocarros, fábricas, estaleiros de construção, campos cultivados, estradas não pavimentadas e queima de madeira. Outras partículas são emitidas indiretamente quando os gases dos combustíveis queimados reagem com a luz solar e o vapor de água.	As partículas finas podem afetar a visão e causar toda uma série de problemas respiratórios. As partículas finas também têm sido associadas ao cancro. Podem também corroer metais, corroer edifícios e esculturas e contaminar tecidos.
Chumbo	O chumbo é um metal que está naturalmente presente no ambiente e também	A principal fonte de chumbo é a metalurgia, com as concentrações mais elevadas no ambiente.	A exposição ao chumbo pode provocar lesões sanguíneas, orgânicas e neurológicas nos seres humanos e nos animais. O chumbo pode
	em produtos manufacturados. Pequenas partículas sólidas de chumbo podem ser transportadas pelo ar. O chumbo pode depois depositar-se no solo e na água.	encontrados perto de cabanas de campo. Outras fontes incluem incineradores de resíduos, empresas de serviços públicos e fabricantes de baterias de chumbo.	também abranda o ritmo de crescimento das plantas.

Ozono (O_3)	O ozono (O_3) é um gás que normalmente não é emitido diretamente para a atmosfera. O ozono troposférico é produzido por uma reação química entre NOx e compostos orgânicos voláteis na presença de calor e luz solar.	Os gases de escape dos veículos a motor, as emissões industriais, os vapores de gasolina e os solventes químicos são algumas das principais fontes de NOx e COV.	O ozono pode irritar o trato respiratório, provocando pieira e tosse. A exposição repetida pode causar danos permanentes nos pulmões. O ozono danifica as folhas das árvores e de outras plantas. Reduz a capacidade das plantas para produzir e armazenar alimentos e reduz o rendimento das colheitas.

2.2 Efeitos dos principais poluentes atmosféricos na saúde

2.2.1 Ozono

O ozono troposférico é formado pela reação de poluentes emitidos por instalações industriais, fornecedores de eletricidade e veículos a motor. As substâncias químicas precursoras da formação de ozono também podem ser emitidas por fontes naturais, incluindo árvores e outras plantas (USEPA, 2006).

O ozono troposférico pode representar riscos para a saúde humana, ao contrário da camada de ozono estratosférico que protege a Terra dos comprimentos de onda nocivos da radiação solar ultravioleta. A exposição a curto prazo ao ozono troposférico pode ter uma série de efeitos na saúde respiratória, incluindo a inflamação da mucosa pulmonar, a redução da função pulmonar e sintomas respiratórios como tosse, pieira, dores no peito, sensação de ardor no peito e falta de ar (USEPA, 2006; Wigle et al., 2007; Kajekar, 2007).

A exposição ao ozono pode reduzir o desempenho físico. A exposição ao ozono pode também aumentar a suscetibilidade a infecções respiratórias. A exposição a concentrações de ozono no ar está associada a um agravamento das doenças respiratórias, como a asma, o enfisema e a bronquite, o que leva a um aumento do consumo de medicamentos, do absentismo escolar, das visitas ao médico, das admissões nas urgências e das hospitalizações. A exposição a curto prazo ao ozono está associada à mortalidade prematura (USEPA, 2006). Os estudos também demonstraram que a exposição a longo prazo ao ozono pode contribuir para o desenvolvimento da asma, particularmente em crianças com determinadas predisposições genéticas e naquelas que praticam muito exercício ao ar livre (Islam et al., 2009; McConnell et al., 2002). A exposição prolongada ao ozono pode danificar permanentemente o tecido pulmonar.

2.2.2 Pó fino

Poeira fina (PM) é um termo genérico para uma vasta classe de substâncias química e fisicamente diferentes, que se apresentam como partículas individuais (gotículas líquidas ou sólidas) numa vasta gama de tamanhos. As partículas provêm de um grande número de fontes fixas e móveis de origem humana, mas também de fontes naturais como os incêndios florestais. xxAs partículas podem ser emitidas diretamente ou formadas na atmosfera pela transformação de emissões gasosas, como os óxidos de enxofre (SO), os óxidos de azoto (NO) e os compostos orgânicos voláteis (COV). As caraterísticas químicas e físicas das partículas finas variam consideravelmente em função do tempo, da região, da meteorologia e da fonte de emissão. Para efeitos de regulamentação, a EPA distingue categorias de tamanho de partículas e estabeleceu normas para partículas finas e grossas. PM10 é geralmente uma abreviatura de partículas cujo diâmetro aerodinâmico é inferior ou igual a 10 micrómetros (pm) e designa partículas inaláveis suficientemente pequenas para penetrarem profundamente nos pulmões (ou seja, partículas torácicas) (USEPA, 2010).

As PM10 são constituídas por uma fração grosseira, designada PM10 2 5 ou partículas grosseiras torácicas (ou seja, partículas com um diâmetro aerodinâmico inferior ou igual a 10 pm e superior a 2,5 pm), e uma fração fina, designada PM2 5 ou partículas finas (ou seja, partículas com um diâmetro aerodinâmico inferior ou igual a 2,5 pm). As partículas torácicas grossas são emitidas principalmente por processos mecânicos e combustão não controlada. As principais fontes são as poeiras levantadas (por exemplo, por automóveis, vento, etc.), os processos industriais, os trabalhos de construção e demolição, os incêndios domésticos e os incêndios florestais. As partículas finas são produzidas principalmente por processos de combustão (por exemplo, em centrais eléctricas, motores a gás e a gasóleo, queima de madeira e muitos processos industriais) e por reacções atmosféricas de poluentes gasosos (USEPA, 2010).

Embora existam provas científicas de que a exposição a partículas finas e a partículas torácicas grossas tem efeitos adversos na saúde humana, as provas são muito mais fortes para as partículas finas do que para as partículas torácicas grossas. 2.510-2.5Os efeitos associados à exposição a PM e PM incluem mortalidade prematura, agravamento de doenças respiratórias e cardiovasculares (conforme indicado pelo aumento de visitas a hospitais e serviços de urgência) e alterações em indicadores subclínicos da função respiratória e cardíaca. Estes efeitos na saúde foram associados à exposição a curto e/ou longo prazo a partículas finas. A exposição a partículas finas foi também associada a uma redução da função pulmonar.

crescimento, agravamento dos sintomas alérgicos e aumento dos sintomas respiratórios (USEPA, 2009).

As crianças, os idosos, as pessoas com doenças cardíacas e pulmonares pré-existentes (incluindo asma) e as pessoas com um estatuto socioeconómico mais baixo encontram-se entre os grupos mais vulneráveis aos efeitos da exposição a PM (USEPA, 2009). 2.5A informação acumulada fornece atualmente provas sugestivas de ligações entre a exposição a longo prazo a PM e os efeitos no desenvolvimento, como o baixo peso à nascença e a mortalidade infantil devida a doenças respiratórias (USEPA, 2009).

2.2.3 Dióxido de enxofre

A combustão de combustíveis fósseis por empresas de eletricidade e pela indústria é a principal fonte de dióxido de enxofre nos Estados Unidos (USEPA, 2008). As pessoas que sofrem de asma são particularmente vulneráveis aos efeitos do dióxido de enxofre (USEPA, 2008).

A exposição a curto prazo de asmáticos a concentrações elevadas de dióxido de enxofre durante uma atividade física moderada pode provocar dificuldades respiratórias acompanhadas de sintomas como pieira, aperto no peito ou falta de ar. Os estudos também fornecem provas consistentes de uma ligação entre a exposição de curta duração ao dióxido de enxofre e o aumento dos sintomas respiratórios nas crianças, em particular nas que sofrem de asma ou de sintomas respiratórios crónicos. A exposição de curta duração ao dióxido de enxofre também tem sido associada a visitas a serviços de urgência e hospitalizações relacionadas com problemas respiratórios, particularmente em crianças e adultos mais velhos (USEPA, 2008).

2.2.4 Dióxido de azoto

$_2$O óxido de azoto (NO) e o dióxido de azoto (NO) são emitidos por automóveis, camiões, autocarros, centrais eléctricas e outros motores e aparelhos. $_2$O NO emitido é rapidamente oxidado na atmosfera em NO (USEPA, 2008).

A exposição ao dióxido de azoto está associada a uma vasta gama de efeitos na saúde, incluindo sintomas respiratórios, particularmente em crianças asmáticas, e visitas a serviços de urgência relacionados com a respiração e hospitalizações, particularmente em crianças e adultos mais velhos (USEPA, 2008).

2.2.5 Chumbo

No passado, a combustão de gasolina com chumbo em veículos a motor (por exemplo, automóveis e camiões) era a principal fonte de emissões de chumbo para a atmosfera. Após a eliminação da gasolina com chumbo nos Estados Unidos em meados da década de 1990, as restantes fontes de emissões de chumbo eram fontes industriais, incluindo fundições de chumbo e fábricas de reciclagem de baterias, bem como pequenas aeronaves com motores de pistão que utilizavam combustível de aviação com chumbo (USEPA, 2006).

O chumbo acumula-se nos ossos, no sangue e nos tecidos moles do corpo. A exposição ao chumbo pode afetar o desenvolvimento do sistema nervoso central em crianças pequenas, conduzindo a efeitos no desenvolvimento neurológico, como a diminuição do QI e problemas comportamentais (USEPA, 2006).

2.2.6 Monóxido de carbono

Os veículos a gasolina e outras fontes móveis, tanto dentro como fora da estrada, são as principais fontes de monóxido de carbono (CO) nos Estados Unidos. A exposição ao monóxido de carbono reduz a capacidade do sangue de transportar oxigénio, o que, por sua vez, reduz o fornecimento de oxigénio aos tecidos e órgãos como o coração. As pessoas que sofrem de vários tipos de doenças cardíacas já têm uma capacidade reduzida de bombear sangue rico em oxigénio para o coração, o que as pode levar a sofrer de isquémia do miocárdio (redução do fornecimento de oxigénio ao coração) durante o esforço físico ou o aumento do esforço, frequentemente acompanhada de dores no peito (angina de peito). Nestas pessoas, a exposição de curta duração ao CO afecta ainda mais a capacidade já limitada do organismo de responder ao aumento da procura de oxigénio durante o exercício físico ou o esforço. Consequentemente, as pessoas que sofrem de angina de peito ou de doenças cardíacas são as mais vulneráveis ao CO no ar. Outros grupos populacionais potencialmente vulneráveis são as pessoas que sofrem de doença pulmonar obstrutiva crónica, anemia, diabetes e pessoas grávidas ou de idade avançada (USEPA, 2010).

O período de desenvolvimento do feto pode ser particularmente vulnerável a efeitos adversos para a saúde resultantes da exposição materna a determinados poluentes atmosféricos. Pode ser esse o caso quando a exposição materna a poluentes atmosféricos é transmitida ao feto durante a gravidez. Foi demonstrado, por exemplo, que o chumbo e as partículas finas podem atravessar a placenta e acumular-se no tecido fetal durante a gravidez (USEPA, 2006; USEPA 2009).

Para além das conclusões acima referidas sobre a ligação entre a exposição pré-natal às PM e os resultados adversos à nascença (por exemplo, baixo peso à nascença), estudos limitados sobre a exposição pré-natal a poluentes atmosféricos críticos referiram que a exposição às PM e aos óxidos de azoto e enxofre pode aumentar o risco de desenvolver asma e agravar a doença respiratória em crianças que desenvolvem asma (Clark et al, 2010; Mortimer et al., 2008a; Mortimer et al., 2008b). No entanto, é muitas vezes difícil distinguir entre os efeitos da exposição pré-natal e os efeitos da exposição durante a primeira infância, uma vez que a exposição aos poluentes atmosféricos é frequentemente muito semelhante durante ambos os períodos.

Outros estudos indicam que a exposição a poluentes provenientes de fontes relacionadas com o tráfego, uma mistura de poluentes atmosféricos de referência e de poluentes atmosféricos perigosos, pode representar um risco particular para as vias respiratórias das crianças. Numerosos estudos estabeleceram uma ligação entre a proximidade do tráfego (ou de poluentes relacionados com o tráfego) e o aparecimento de novos casos de asma ou o agravamento da asma existente e de outros sintomas respiratórios, em particular o crescimento reduzido da função pulmonar durante a infância (Clark et al, 2010; Gauderman et al, 2004; Gehring et al., 2010; Jerrett et al., 2008; Karr et al., 2009; McConnell et al., 2006; McConnell et al., 2010; Morgenstern et al., 2007; Salam et al., 2008).

Um relatório do Health Effects Institute concluiu que viver perto de estradas movimentadas parece ser um fator de risco independente para o desenvolvimento de asma em crianças (HEI, 2010). O mesmo relatório concluiu também que existem "provas suficientes" para inferir uma relação causal entre a exposição à poluição relacionada com o tráfego e o agravamento da asma nas crianças (HEI, 2010). Alguns estudos sugerem que os poluentes relacionados com o tráfego podem contribuir para o desenvolvimento de doenças alérgicas, quer influenciando diretamente a resposta imunitária, quer aumentando a concentração ou a atividade biológica dos próprios alergénios (Bartra et al., 2007; Braback et al., 2009; Krzyzanowski et al., 2005).

2.3 A contribuição da indústria química para a poluição atmosférica

Este tipo de poluição atmosférica tem um impacto direto na opinião pública, uma vez que é geralmente visível e desagradável e os seus efeitos na saúde humana, na vegetação e no ambiente em geral são bem conhecidos (Bhaita, 2011). Há uma série de indústrias que são fontes de poluição atmosférica. Os poluentes industriais e as suas fontes são apresentados na Tabela 2.2

abaixo:

Quadro 2.2 Poluentes industriais e suas fontes

Fontes	Principais poluentes
Combustão de combustíveis	Fumo, CO, CO_2, SO_2, óxidos metálicos, NOX
Gerador de eletricidade	Fumo, CO, CO_2, SO_2, poeiras, compostos radioactivos, HC, NOX, ruído, CH_4
Incineradores	Fumo, CO, NOX, cinzas volantes
Refinarias de petróleo	Ruído, SOX, HC, NOX, SPM, CO e odores
Fabrico de produtos inorgânicos e de adubos	SPM, ruído, odor, HF, NH_3, H_3PO_4, névoa ácida
Fabrico de produtos químicos orgânicos	PMS, ruído, odores, SOX, CO, gases e vapores
Fabrico de pasta e papel	Mercaptanos, SO_2,
Transformação de alimentos	Poeira, vapor, odor,
Tratamento metalúrgico do ferro	Fumo, gases de combustão, CO, odor, H_2S, vapor, fluoreto
Tratamento de metais não ferrosos	Poeiras, vapores de metais pesados

(Bhaita, 2011).

Conclusão

Os fluxos de poluentes gasosos são semelhantes aos fluxos de processos químicos. A principal exceção é que as concentrações de poluentes gasosos são geralmente inferiores às concentrações dos fluxos de processos químicos. Estes gases podem ser tratados como gases ideais dentro da gama de funcionamento da maioria das instalações de purificação do ar. Os poluentes gasosos podem ser controlados utilizando uma grande variedade de dispositivos, e a escolha do dispositivo mais eficaz requer uma análise cuidadosa do caso específico a que se destinam os dispositivos de controlo.

Referências

Bhaita, S.C. (2011). "*Poluição ambiental e controlo nas indústrias de processos químicos*". 2ª edição, Kanna

Publishers India, p. 1273.

Bartra, J., J. Mullol, A. del Cuvillo, I. Davila, M. Ferrer, I. Jauregui, J. Montoro, J. Sastre, e A. Valero. 2007. Air pollution and allergens. *Journal of Allergology and Investigative Clinical Immunology* 17 Suppl 2:3-8.

. Braback, L., e B. Forsberg. 2009. Será que os gases de escape dos transportes contribuem para o desenvolvimento da asma e da sensibilização alérgica nas crianças? Lessons from recent cohort studies (Lições de estudos de coortes recentes). *Ambiente e saúde* 8:17.

Clark, N.A., P.A. Demers, C.J. Karr, M. Koehoorn, C. Lencar, L. Tamburic e M. Brauer.

2010. efeito da exposição precoce à poluição atmosférica no desenvolvimento da asma em crianças. *Environmental Health Perspectives* 118 (2):284-90.

Gauderman, W.J., E. Avol, F. Gilliland, H. Vora, D. Thomas, K. Berhane, R. McConnell, N. Künzli, F. Lurmann, E. Rappaport, et al. 2004. The influence of air pollution on lung development between 10 and 18 years of age. *The New England Journal of Medicine* 351 (11):1057-67.

Gehring, U., A.H. Wijga, M. Brauer, P. Fischer, J.C. de Jongste, M. Kerkhof, M. Oldenwening, H.A. Smit, e B. Brunekreef. 2010. traffic-related air pollution and development of asthma and allergies in the first eight years of life. *American Journal of Respiratory and Critical Care Medicine* 181 (6):596-603.

Instituto dos Efeitos na Saúde. 2010. *Transport-related air pollution: a critical review of the literature on emissions, exposure and health effects*. Boston, Massachusetts: Health Effects Institute.

Islam, T., K. Berhane, R. McConnell, W.J. Gauderman, E. Avol, J.M. Peters, e F.D. Gilliland. 2009. glutationa-S-transferase (GST) P1, GSTM1, exercício, ozono e incidência de asma em crianças em idade escolar. *Thorax* 64 (3):197-202.

Jerrett, M., K. Shankardass, K. Berhane, W.J. Gauderman, N. Kunzli, E. Avol, F. Gilliland, F. Lurmann, J.N. Molitor, J.T. Molitor, et al. 2008. Poluição atmosférica relacionada com o tráfego e epidemias de asma em crianças: Um estudo de coorte prospetivo com medição individual da exposição. *Environmental Health Perspectives* 116 (10):1433-8.

Krzyzanowski, M., B. Kuna-Dibbert, e J. Schneider, eds. 2005. *Health Effects of Transport-related Air Pollution (Efeitos na saúde da poluição atmosférica relacionada com os transportes)*. Copenhaga, Dinamarca: Organização Mundial de Saúde.

Karr, C.J., P.A. Demers, M.W. Koehoorn, C.C. Lencar, L. Tamburic, e M. Brauer. 2009.

Influência das fontes de poluentes atmosféricos no tratamento clínico da bronquiolite em bebés. *American Journal of Respiratory and Critical Care Medicine* 180 (10):995-1001.

Kajekar, R. 2007. Environmental factors and developmental outcomes in the lung. *Pharmacology & Therapeutics* 114 (2):129-45.

McConnell, R., K. Berhane, L. Yao, M. Jerrett, F. Lurmann, F. Gilliland, N. Kunzli, J. Gauderman, E. Avol, D. Thomas, et al. 2006. Traffic, vulnerability and asthma in children (Tráfego, vulnerabilidade e asma em crianças). *Environmental Health Perspectives* 114 (5):766-72.

McConnell, R., T. Islam, K. Shankardass, M. Jerrett, F. Lurmann, F. Gilliland, J. Gauderman, E.

Avol, N. Kunzli, L. Yao, et al. 2010. Childhood asthma and traffic-related air pollution at home and school (Asma infantil e poluição atmosférica relacionada com o tráfego em casa e na escola). *Environmental Health Perspectives* 118 (7):1021-6.

Morgenstern, V., A. Zutavern, J. Cyrys, I. Brockow, U. Gehring, S. Koletzko, C.P. Bauer, D.

Reinhardt, H.E. Wichmann, and J. Heinrich. 2007. Respiratory health and estimated personal exposure to traffic-related air pollutants in a cohort of young children. *Occupational and Environmental Medicine* 64 (1):8-16.

Mortimer, K., R. Neugebauer, F. Lurmann, S. Alcorn, J. Balmes, e I. Tager. 2008 Air pollution and lung function in asthmatic children: Effects of prenatal and lifetime exposure (Poluição do ar e função pulmonar em crianças asmáticas: Efeitos da exposição pré-natal e ao longo da vida). *Epidemiology* 19 (4):550-7; discussão 561-2.

Mortimer, K., R. Neugebauer, F. Lurmann, S. Alcorn, J. Balmes, e I. Tager. 2008. exposição precoce à poluição do ar e sensibilização alérgica em crianças asmáticas. *Asthma Journal* 45 (10):874-81.

Salam, M.T., T. Islam, e F.D. Gilliland. 2008. Novas provas de efeitos adversos na asma decorrentes da proximidade de áreas residenciais a fontes de tráfego. *Opinião atual em pneumologia* 14 (1):3-8.

Wigle, D.T., T.E. Arbuckle, M. Walker, M.G. Wade, S. Liu, e D. Krewski. 2007 Environmental hazards: Evidence of effects on children's health (Perigos ambientais: Evidência de efeitos na saúde das crianças). *Toxicology and Environmental Health Part B: Critical Reports* 10 (1-2):3-39.

Agência de Proteção Ambiental dos EUA. 2006. *Critérios de qualidade do ar para o ozono e oxidantes fotoquímicos associados (relatório final).* Washington, DC: U.S. EPA, National Center for EnvironmentalAssessment . EPA/600/R-05/004aE-cF.

http://cfpub.epa.gov/ncea/isa/recordisplay.cfm?deid=149923.

Agência de Proteção Ambiental dos EUA. 2009. *Integrated Science Assessment for Particulate Matter (relatório final).* Washington, DC: U.S. EPA, Centro Nacional de Avaliação Ambiental. EPA/600/R-08/139E.

http://cfpub.epa.gov/ncea/CFM/recordisplay.cfm?deid=216546

Agência de Proteção Ambiental dos Estados Unidos. 2010. *Lei do Ar Limpo.* U.S. EPA, Gabinete do Ar e da Radiação. Disponível em 28 de dezembro de 2010 em http://www.epa.gov/air/caa/.

Agência de Proteção Ambiental dos Estados Unidos. 2008. *Integrated Science Assessment for Sulfur Oxides - Health Criteria (relatório final).* Washington, DC: U.S. EPA, Centro Nacional de Avaliação Ambiental . EPA/600/R-08/047E.

http://cfpub.epa.gov/ncea/isa/recordisplay.cfm?deid=198843.

Agência de Proteção Ambiental dos Estados Unidos. 2008. *Integrated Science Assessment for Oxides of Nitrogen - Health Criteria (relatório final).* Washington, DC: Centro Nacional de Avaliação Ambiental . EPA/600/R-08/071.

http://cfpub.epa.gov/ncea/isa/recordisplay.cfm?deid=194645.

Agência de Proteção Ambiental dos EUA. 2006. *Air Quality Criteria for Lead (relatório final).* Washington, DC: U.S. EPA, Centro Nacional de Avaliação Ambiental.

EPA/600/R-05/144aF-bF. http://cfpub.epa.gov/ncea/isa/recordisplay.cfm?deid=158823.

Agência de Proteção Ambiental dos EUA. 2010. *Integrated Science Assessment for Carbon*

Monoxide (relatório final). Washington, DC: U.S. EPA, Centro Nacional de Avaliação Ambiental . EPA/600/R-09/019E.

http://cfpub.epa.gov/ncea/cfm/recordisplay.cfm?deid=218686.

Agência de Proteção Ambiental dos EUA. 2009. *Integrated Science Assessment for Particulate Matter (relatório final)*. Washington, DC: U.S. EPA, Centro Nacional de Avaliação Ambiental.EPA/600/R-08/139E.

http://cfpub.epa.gov/ncea/CFM/recordisplay.cfm?deid=216546.

Capítulo 3

Processos de convecção e processos avançados de tratamento de águas residuais industriais

Ugya A.Y. e Ajibade, F.O.[2]

[1]Departamento de Ciências Biológicas, Universidade Bayero de Kano, Estado de Kano, Nigéria
[2]Departamento de Engenharia Civil e Ambiental, Universidade Federal de Tecnologia, Akure, Estado de Ondo, Nigéria

Resumo

O crescimento da população mundial levou a um aumento das actividades industriais, carregando a água com uma multiplicidade de poluentes e aumentando os riscos para os organismos aquáticos e para as pessoas em geral. A tecnologia, especialmente em termos de desempenho e das opções de tratamento de águas residuais disponíveis, está a evoluir paralelamente ao crescimento económico. No entanto, não se pode esperar que a tecnologia resolva todos os problemas de poluição. [3]Regra geral, uma estação de tratamento de águas residuais converte 1 m de águas residuais em 1 a 2 litros de lamas concentradas. As estações de tratamento são geralmente de capital intensivo e requerem pessoal especializado. O estudo da possibilidade de reduzir a poluição deve necessariamente preceder a escolha e o investimento na tecnologia das águas residuais. Qualquer iniciativa para reduzir a poluição deve ser objeto de uma análise custo-benefício e comparada com todas as alternativas viáveis e razoáveis. Este capítulo tem como objetivo demonstrar que o método de convecção é uma boa opção para o tratamento de águas residuais industriais.

Palavras chave: Tratamento de águas residuais, crivagem, triturador, remoção de areia, gotejadores,

3. 1. introdução

A urbanização e a industrialização representam uma séria ameaça para o ambiente, uma vez que sobrecarregam o ecossistema através da eliminação de milhões de litros de águas residuais (Sarkar *et al*, 2006; Ajibade *et al, 2014*; Fillaudeauet al, *2014; Umamaheswari e Shanthakumar, 2016*), Atualmente, o abastecimento de água depende cada vez mais de fontes de água alternativas (ou seja, águas residuais tratadas, água do mar e água da chuva), para além das águas superficiais e subterrâneas (Zhang e Balay, 2014; Xiang *et al*., 2015). O abastecimento de água e a indústria são componentes importantes e interdependentes de um sistema urbano (*Minneet al.,* 2011; Xiang *et al*., 2015).

Com a crescente sedentarização das populações, que deixaram de ser nómadas, as pessoas preocupam-se cada vez mais com os aspectos técnicos da água. Inicialmente, a principal preocupação era a utilização e a melhoria dos recursos hídricos existentes e a proteção contra os perigos e danos potenciais associados a águas naturais não controladas. Foi só no final do século XIX que as águas residuais passaram a ser objeto de interesse científico, técnico e legislativo, nomeadamente a sua produção e tratamento, quer de origem municipal quer industrial.

A crescente industrialização trouxe consigo duas importantes propriedades da água - elevada capacidade térmica específica e poder solvente - em comparação com muitas substâncias inorgânicas e algumas orgânicas, mas que têm consequências muito diferentes no contexto da produção e eliminação de águas residuais.A água destinada a ser utilizada como acumulador de calor, refrigerante ou fonte de vapor deve ser purificada antes da utilização, para evitar a corrosão e a erosão nas turbinas e nos permutadores de calor, sendo depois libertada no ambiente a uma temperatura mais elevada, mesmo que tenha sido purificada. Por outro lado, a água tornou-se, entretanto, a fonte mais importante de águas residuais na indústria, na sua função de meio de reação ou mesmo de parceiro de reação (Savkovic-Stevanovic, 2009a, 2009b).

Setores industriais inteiros baseiam-se em processos de produção que ocorrem na fase aquosa e utilizam a água como solvente, dispersante, meio de transporte e reagente, o que é talvez mais evidente em cervejarias, usinas de açúcar, fábricas de papel e celulose, tinturarias, curtumes, etc., onde não só o conteúdo real das águas residuais, mas também a sua quantidade, é um problema (Chicken e Hynes, 1989; *Leiuet al.,* 2015).

A água é captada pela indústria de muitas fontes diferentes. Pode ser captada diretamente de um rio, lago, poço ou nascente privada, ou pode ser comprada a um município vizinho. Tanto a quantidade de água captada pela indústria como o grau de tratamento variam muito de uma indústria para outra e de uma instalação para outra. A qualidade do tratamento pode variar consideravelmente dentro de uma mesma instalação, dependendo das diferentes utilizações a que a água é destinada. As indústrias química e petroquímica, a refinação de petróleo e outras indústrias transformadoras utilizam água em grandes quantidades (Zheng e Wei, 2013; *Zhenget al.*, 2014, 2010).

No entanto, nos últimos anos, o aumento do custo do tratamento de águas residuais para cumprir os requisitos ambientais e a escassez de água industrial mais barata têm proporcionado um forte incentivo para que as indústrias de processo minimizem o seu consumo de água e as descargas de águas residuais. A principal preocupação é realçar a importância do tratamento da água e têm sido feitos muitos esforços para atingir o objetivo da reutilização total da água em várias indústrias de transformação (Savkovic-Stevanovic, 2010). Neste capítulo, apenas são descritos sistemas de convecção e sistemas avançados de tratamento de águas residuais para atingir a descarga zero.

3.2 História do tratamento de águas residuais

O tratamento das águas residuais é uma prática relativamente recente, embora os sistemas de drenagem tenham sido construídos muito antes do século XIX. Antes dessa época, a "terra nocturna" era espalhada em baldes ao longo das bermas das estradas e esvaziada pelos trabalhadores em tanques de "mel". Era transportada para as zonas rurais e eliminada nos terrenos agrícolas. No século XX, as casas de banho com autoclismo levaram a um aumento do volume de resíduos destinados a essas terras agrícolas. Devido a este problema de transporte, as cidades começaram a descarregar as suas águas residuais nos cursos de água, através de esgotos e colectores pluviais, contrariando a recomendação de Edwin Chadwick, de 1842, segundo a qual "a chuva deve ir para o rio e os esgotos para o solo". A descarga das águas residuais nos cursos de água provocou uma forte poluição e problemas de saúde para os habitantes a jusante.

Em 1842, um engenheiro inglês chamado Lindley construiu em Hamburgo o primeiro sistema de esgotos moderno para o transporte de águas residuais na Alemanha. As melhorias introduzidas no sistema de Lindley consistiram sobretudo em materiais melhorados e na inclusão de caixas de visita e acessórios para esgotos - os princípios de Lindley ainda hoje se mantêm. O tratamento das águas residuais só se tornou necessário quando a capacidade de assimilação da água foi ultrapassada e os problemas de saúde se tornaram insuportáveis. Entre o final do século XIX e o início do século XX, foram experimentadas várias opções até que os processos actuais foram testados em 1920. No entanto, até meados do século, o desenvolvimento foi empírico. Foram desenvolvidos e promovidos sistemas de esgotos centralizados. O custo do tratamento das águas residuais era suportado pelos municípios que as descarregavam no sistema.

O tratamento de águas residuais envolve geralmente a redução parcial ou a eliminação total de contaminantes excessivos presentes nas águas residuais. Os contaminantes excessivos são concentrações de componentes que excedem o nível autorizado para a eliminação final ou reutilização adequada das águas residuais tratadas (Karia e Christian, 2006). Atualmente, têm sido feitos grandes progressos na produção de água potável a partir de águas residuais. Recentemente, foi exigido um nível mínimo de tratamento antes de poder ser concedida uma licença de descarga, independentemente da capacidade do rio recetor (*Peavyet al.,* 1985). Além disso, o foco está agora a mudar de sistemas centralizados para um tratamento descentralizado e mais sustentável das águas residuais (DEWATS), particularmente em países em desenvolvimento como a Nigéria e o Gana, onde as infra-estruturas de saneamento são pobres e os métodos tradicionais são difíceis de implementar (Adu-Ahyia e Anku, 2010).

3.3 Processos convencionais de tratamento de águas residuais

O tratamento convencional das águas residuais envolve a remoção de sólidos, matéria orgânica e, por vezes, nutrientes das águas residuais, utilizando uma combinação de processos e procedimentos físicos, químicos e biológicos. Em alguns países, a desinfeção para eliminar os agentes patogénicos segue por vezes a fase final do tratamento. O tipo de combinação de processos e procedimentos disponíveis para tratar um determinado efluente é designado por **sistema de tratamento**. Regra geral, uma estação de tratamento é concebida quer para pré-tratamento ou tratamento primário, quer para tratamento secundário ou terciário/progressivo (Karia e Christian, 2006). No caso do tratamento primário, as partículas em suspensão são escumadas da superfície e as partículas pesadas são removidas por deposição calma ou sedimentação. No tratamento primário avançado, podem ser adicionados produtos químicos para melhorar a sedimentação e a remoção de partículas suspensas mais leves e, em menor grau, de sólidos dissolvidos. O tratamento secundário utiliza processos biológicos e químicos para remover a maior parte da matéria orgânica e, em alguns casos, o azoto e o fósforo. No tratamento terciário são utilizadas combinações adicionais de processos físicos, químicos e biológicos para remover partículas mais finas e outros componentes que não são removidos no tratamento secundário tradicional. Estas fases do tratamento de águas residuais estão resumidas na Tabela 1 e um diagrama geral do tratamento de águas residuais é apresentado na Figura 3.1 (Pandey *et al.,* 1985).

Tabela 1: Fases do tratamento de águas residuais

Nível de tratamento	Descrição
Provisório	a eliminação de componentes das águas residuais, tais como trapos, paus, matéria flutuante, areia e gordura, que podem causar problemas de manutenção ou de funcionamento dos processos de tratamento e das instalações a jusante
Página principal	eliminação das partículas orgânicas e inertes que se depositam facilmente sob a forma de lamas sedimentadas e de lamas flutuantes
Primário avançado	melhor eliminação dos sólidos em suspensão e da matéria orgânica, geralmente conseguida através de aditivos químicos ou de filtração
Secundário	melhor eliminação dos sólidos em suspensão e da matéria orgânica, geralmente conseguida através de aditivos químicos ou de filtração
Secundário com privação de nutrientes	eliminação de nutrientes (azoto, fósforo ou ambos)
Terciário	eliminação das matérias em suspensão finamente dispersas na solução após o tratamento secundário, geralmente por filtração granular ou por telas filtrantes que abrem microporos

(Fonte: Metcalf e Eddy, 2003)

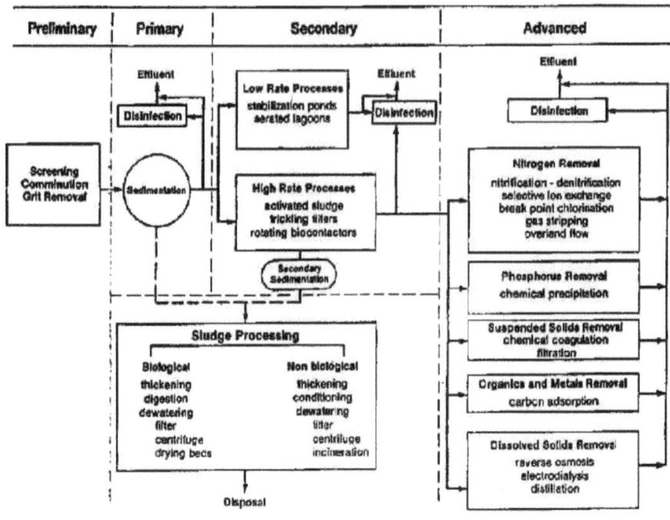

Figura 3.1: Fluxograma generalizado para o tratamento de águas residuais urbanas

3.3.1 Tratamento temporário

Trata-se de eliminar as matérias flutuantes (animais mortos, ramos, papéis, plásticos, pedaços de madeira, cascas de legumes, etc.) e também os sólidos inorgânicos pesados e insolúveis (areia, etc.).

O pré-tratamento de águas residuais inclui: Crivagem, triturador, câmara de areia, câmara de detritos, tanque de decantação (Sheldon *et al.,* 2001; *Leiuet al.*, 2015).

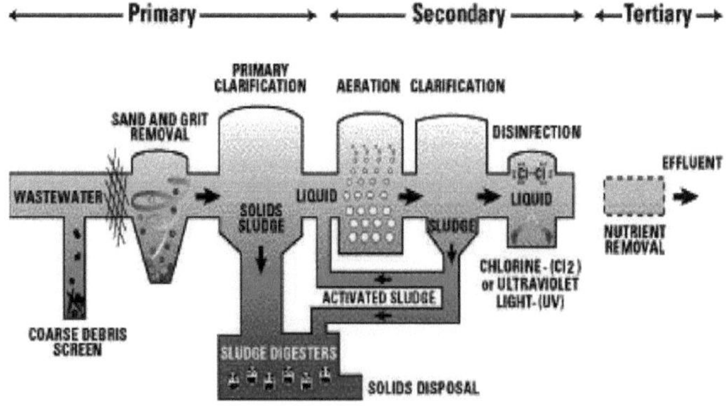

Figura 3.2: Processo de tratamento de águas residuais por convecção

Rastreio

A crivagem consiste na remoção de matéria grosseira em suspensão por uma série de barras estreitamente espaçadas, colocadas acima do rio com uma inclinação de 30 a 60 . As águas residuais são assim eliminadas. Se estas matérias em suspensão não forem eliminadas, entopem as condutas ou interferem com o funcionamento das bombas de drenagem (Crites e Tchobanoglous, 1998).

As peneiras são dispositivos com aberturas transparentes de tamanho uniforme, utilizados para remover matéria flutuante e grandes sólidos das águas residuais. Podem ser feitas de barras paralelas, fios metálicos ou grelhas. Basicamente, os sólidos como paus, trapos, tábuas e outros objectos grandes que entram nas águas residuais são filtrados. Esta é a primeira fase do trabalho efectuado numa estação de tratamento de águas residuais. Os crivos têm de ser limpos com frequência, uma vez que os sólidos retidos (resíduos de crivagem) tendem a aumentar a perda de carga através do crivo, entupindo-o [Elangovan e Saseetharan, (1997); Manual do Governo da Índia, (1993)]. No entanto, é preferível colocar os crivos antes das câmaras de areia quando a qualidade da areia não é importante, como no caso do movimento de terras. Os crivos podem ser limpos manual ou mecanicamente, e os resíduos produzidos são regularmente removidos e podem ser eliminados por enterramento, trituração ou fertilização (Qasim, 1994).

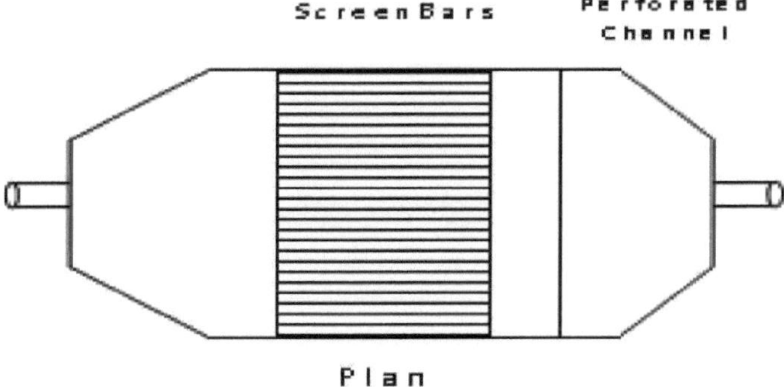

Figura 3.3: Diagrama de barras do ecrã (Qasim, 1994)

Interruptores

Os sólidos em suspensão de maiores dimensões são triturados utilizando trituradores em vez de crivos. Os trituradores são geralmente utilizados em grandes instalações e consistem num crivo fixo e num cortador móvel ou num crivo curvo com um cortador rotativo ou oscilante. Um triturador típico, como mostra a Figura 3.4, é constituído por um tambor oco de ferro fundido que roda em torno do seu eixo vertical. Os trituradores devem ser instalados na extremidade d/s da câmara de trituração para evitar um desgaste excessivo (Tchobanoglous, 1996).

Figure 3.4: Diagram of Comminutors

Remoção de areia

O cascalho consiste em areia, cascalho pequeno, escória, vidro partido ou outros sólidos pesados contidos nas águas residuais. As areias são principalmente sólidos secos inertes mais pesados do que a água (Ajibade, 2013). As areias são sólidos inorgânicos pesados, tais como areia, lascas de metal e cascas de ovos, com um peso específico entre 2 e 2,65. Provocam um desgaste excessivo durante as diferentes fases do tratamento e devem, por conseguinte, ser removidas. Uma câmara de areia pode ter um fluxo horizontal ou vertical e é limpa manual ou mecanicamente. A areia de uma câmara de areia corretamente concebida e operada está isenta de matéria orgânica e pode ser utilizada como material de aterro. Se a areia contiver uma elevada proporção de matéria orgânica, é eliminada por aterro ou utilizada como fertilizante (Tchobanoglous, 1996; Reynolds e Richards, 1996; Islam, 2015). Uma vez que estes materiais têm uma taxa de afundamento mais elevada ou um peso específico maior, são separados ou removidos das águas residuais por decantação por gravidade. Por conseguinte, as câmaras de areão não são mais do que tanques de sedimentação ou de decantação que são utilizados principalmente para remover sólidos suspensos inertes mais pesados ou grosseiros e relativamente secos das águas residuais (Droste, 1997; Metcalf e Eddy 1995; Nicoll, 1998; Sincero, *et al.*, 2004).

Sala de detritos

São instaladas para eliminar as partículas mais finas que permanecem na câmara de granalha.

Depósito do escumador

É utilizado para separar gorduras e óleos e outros materiais flutuantes que podem prejudicar a eficiência da estação de tratamento. As gorduras podem ter tendência a acumular-se nos tabuleiros de recolha e a cobrir o enxame biológico no processo de lamas activadas. As matérias flutuantes podem ser interceptadas por um processo mecânico contínuo ou manualmente. As estações de tratamento de águas residuais são concebidas de modo a que as matérias mais leves, como as gorduras e os óleos contidos nas águas residuais, subam à superfície e permaneçam no líquido até serem eliminadas. O líquido purificado flui através das saídas previstas abaixo da linha de água (Punmia e Ashok, 1998; Ross *et al.*, 1998).

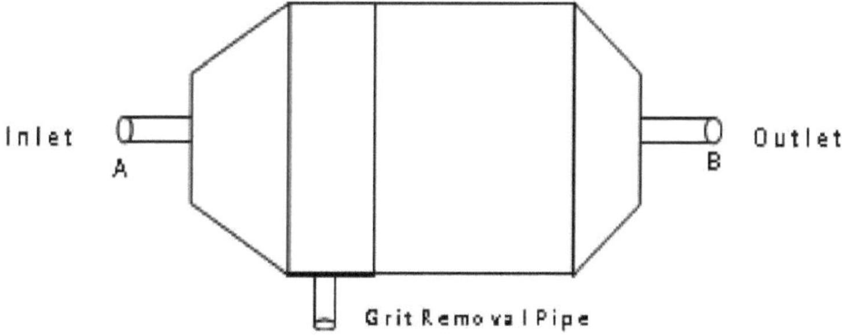

Figure 1.5: Diagram of Grid Chamber

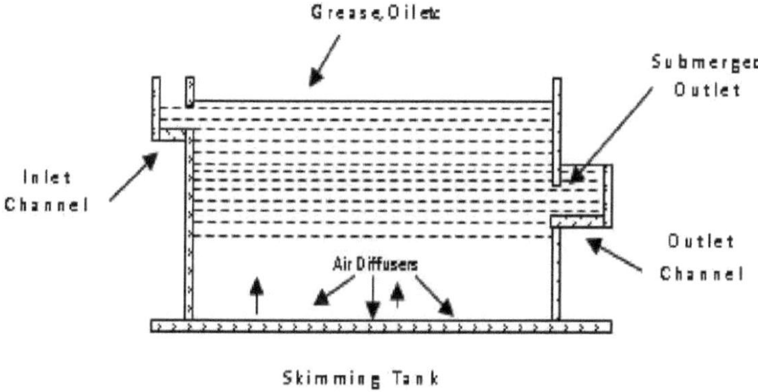

Figura 3.6: Esquema da cuba de desnatação

3.3.2 Tratamento primário

O objetivo do tratamento primário é eliminar os sólidos orgânicos e inorgânicos insolúveis por sedimentação e as matérias flutuantes (lamas flutuantes) por escumação. Cerca de 25-50% da carência bioquímica de oxigénio (CBO5), 50-70% dos sólidos suspensos totais (SST) e 65% dos óleos e gorduras são removidos durante o tratamento inicial (Figuras 3.7 e 3.8). Parte do azoto orgânico, do fósforo orgânico e dos metais pesados associados aos sólidos são também removidos durante a decantação primária, mas os elementos coloidais e dissolvidos não são afectados. As águas residuais resultantes da decantação primária são designadas por águas residuais primárias (Martins e Martins, 1991).

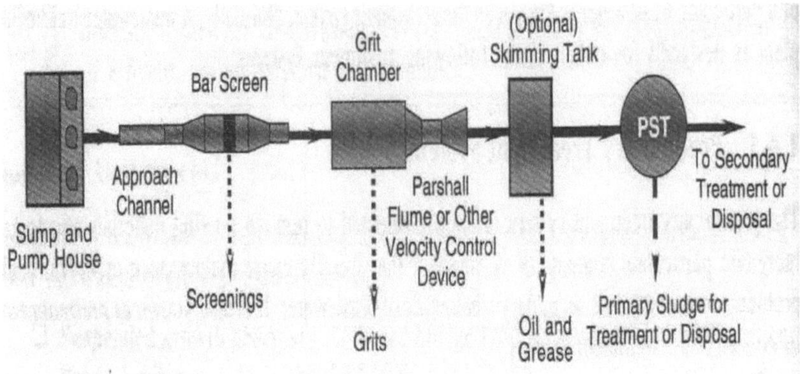

Figura 3.7: Diagrama esquemático de um sistema típico de tratamento primário Fonte: Karia e Christian, 2006

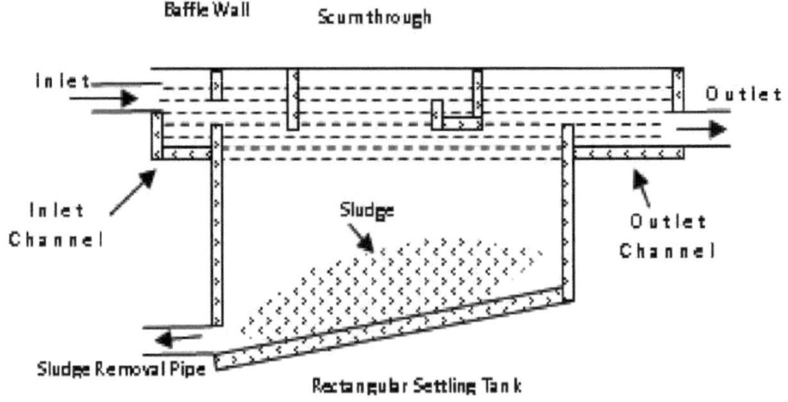

Figura 3.8: Processo de tratamento inicial

Em muitos países industrializados, o tratamento primário é o nível mínimo de pré-tratamento exigido para a irrigação com águas residuais. Pode ser considerado um tratamento suficiente quando as águas residuais são utilizadas para a irrigação de culturas não consumidas por seres humanos ou para a irrigação de pomares, vinhas e certas culturas alimentares transformadas. No entanto, a fim de evitar condições potencialmente nocivas nos tanques de armazenamento ou de compensação, é geralmente exigida alguma forma de tratamento secundário nestes países, mesmo para a irrigação de culturas não destinadas ao consumo humano. Pode ser possível utilizar pelo menos uma parte das águas residuais primárias para irrigação, se houver um armazenamento de derivação.

Os tanques de decantação primária ou tanques de depuração podem ser redondos ou rectangulares, geralmente com 3 a 5 m de profundidade, com um tempo de residência hidráulica de 2 a 3 horas. Os sólidos sedimentados (lamas primárias) são geralmente removidos do fundo do tanque utilizando ancinhos de lamas, que raspam as lamas em direção a um eixo central, a partir do qual são bombeadas para instalações de tratamento de lamas. As lamas flutuantes são varridas para a superfície do tanque utilizando bocas de água ou meios mecânicos, de onde são também bombeadas para as instalações de tratamento de lamas.

[3]Nas grandes estações de tratamento de águas residuais (> 7600 m /d nos EUA), as lamas primárias são geralmente tratadas biologicamente por digestão anaeróbia. Durante a digestão, as bactérias anaeróbias facultativas metabolizam a matéria orgânica contida nas lamas (ver exemplo 3), reduzindo o volume a eliminar, estabilizando as lamas e melhorando as suas propriedades de desidratação. A digestão tem lugar em tanques cobertos (digestores anaeróbios), geralmente com 7 a 14 metros de profundidade. O tempo de residência num digestor pode variar entre pelo menos 10 dias para digestores de alta carga (bem misturados e aquecidos) e 60 dias ou mais para digestores normais. A digestão produz um gás com um teor de metano de cerca de 60 a 65%, que pode ser utilizado como fonte de energia. Em pequenas estações de tratamento, as lamas são tratadas de várias formas: digestão aeróbia, armazenamento em bacias de lamas, espalhamento direto em leitos de secagem de lamas, armazenamento em processo (como em bacias de estabilização) e espalhamento no solo.

3.3.3 Tratamento secundário

O objetivo do tratamento secundário é continuar o tratamento das águas residuais a partir do tratamento primário, a fim de eliminar a matéria orgânica e os sólidos em suspensão remanescentes. Na maior parte dos casos, o tratamento secundário segue-se ao tratamento primário e consiste na eliminação da matéria orgânica dissolvida e dos colóides biodegradáveis através de processos de tratamento biológico aeróbio. O tratamento biológico aeróbio é realizado na presença de oxigénio por microrganismos aeróbios (principalmente bactérias) que metabolizam a matéria orgânica presente nas águas residuais, produzindo outros microrganismos e produtos finais inorgânicos (principalmente CO_2, NH_3 e H_2O). Vários processos biológicos aeróbios são utilizados para o tratamento secundário, diferindo principalmente na forma como o oxigénio é fornecido aos microrganismos e na taxa a que os organismos degradam a matéria orgânica (Beychok, 1971).

Os processos biológicos de alta velocidade são caracterizados por volumes de reator relativamente pequenos e concentrações elevadas de microrganismos em comparação com os processos de baixa velocidade. Como resultado, a taxa de crescimento de novos organismos é muito mais elevada em sistemas de alta velocidade devido ao ambiente bem controlado. Os microrganismos devem ser separados das águas residuais tratadas por sedimentação, a fim de obter águas residuais secundárias clarificadas. Os tanques de decantação utilizados na decantação secundária, frequentemente designados por tanques de decantação secundária, funcionam, em princípio, da mesma forma que os tanques de decantação primária acima descritos. Os sólidos biológicos removidos durante a decantação secundária, conhecidos como lamas secundárias ou biológicas, são geralmente combinados com as lamas primárias para o tratamento das lamas (Hammer, 1975).

Os processos comuns de alta carga incluem lamas activadas, gotejamento ou biofiltro, fossas de oxidação e contactores biológicos rotativos (RBCs). Uma combinação de dois destes processos em série (por exemplo, um biofiltro seguido de lamas activadas) é por vezes utilizada para tratar águas residuais municipais que contêm uma elevada concentração de matéria orgânica de origem industrial.

i. Lamas activadas

No processo de lamas activadas, o reator de ativação é um tanque de ativação que contém uma suspensão de águas residuais e microrganismos, o líquido misturado. O conteúdo do tanque de arejamento é cuidadosamente misturado por dispositivos de arejamento que também fornecem oxigénio à suspensão biológica. Os dispositivos de arejamento geralmente utilizados incluem arejadores submersíveis, que fornecem ar comprimido, e arejadores mecânicos de superfície, que introduzem ar através da agitação da superfície do líquido. O tempo de residência hidráulica nos tanques de arejamento é geralmente de 3 a 8 horas, mas pode ser mais longo no caso de águas residuais com um elevado teor de CBO5. Após a fase de arejamento, os microrganismos são separados do líquido por sedimentação e o líquido clarificado constitui o efluente secundário. Uma parte das lamas biológicas é reintroduzida no tanque de arejamento para obter um elevado teor de sólidos suspensos líquidos mistos (SSLM). O restante é removido do processo e enviado para tratamento de lamas para manter uma concentração relativamente constante de microrganismos no sistema. Diferentes variantes do processo básico de lamas activadas, como o arejamento prolongado e as fossas de oxidação, são amplamente utilizadas, mas os princípios são semelhantes (Eckenfelder *et al.,* 2014).

ii. Filtro de gotejamento

Os filtros de gotejamento, também conhecidos como filtros de infiltração ou de aspersão, assemelham-se a um poço de até 2 m de profundidade, preenchido com um meio granular. A água residual flui sobre o meio, infiltra-se através do meio filtrante e é recolhida pelo sistema submerso (Beychok, 1967; Marcus, 2007).

Uma bandeja de gotejamento moderna consiste num leito de material altamente permeável no qual os microrganismos aderem e as águas residuais se infiltram ou escorrem, daí o nome "bandeja de gotejamento". O meio filtrante é constituído por pedras de 25 a 100 mm de dimensão. A profundidade das pedras varia em média de 0,92,5 a 1,8 m. Está previsto um braço rotativo (braço de distribuição) para distribuir uniformemente as águas residuais. O filtro é também arejado por um sistema de drenagem de fundo (Fogler, 2006).

Como funciona um gotejador

As águas residuais sedimentadas do clarificador primário são espalhadas de forma intermitente sobre o leito filtrante. Quando as águas residuais escorrem, desenvolve-se uma camada microbiana na superfície da rocha, conhecida como camada de muco e composta principalmente por bactérias. (A oxidação da matéria orgânica ocorre em condições aeróbias. Forma-se uma película bacteriana em torno das partículas do material filtrante, que é oxigenada pelo funcionamento intermitente do filtro e pela existência de dispositivos de arejamento adequados no corpo do filtro). As águas residuais são oxidadas pelas bactérias, produzindo efluentes sob a forma de água, gás e novas células (Beychok, 1967; Marcus, 2007).

Classificação dos filtros de gotas

Gotejador convencional ou gotejador normal ou gotejador padrão ou gotejador de baixa capacidade, gotejador de alta capacidade ou gotejador de alta capacidade

1. Filtro de baixo custo

São também conhecidos como filtros standard ou convencionais. As águas residuais sedimentadas são depositadas no leito filtrante e, após o escoamento, passam pelo clarificador secundário para eliminar a maior parte dos sólidos estabilizados.

2. Filtro de alta velocidade

No caso dos gotejadores de alta vazão, a água residual sedimentada é usada numa taxa muito maior do que no caso dos filtros de baixa vazão. Os gotejadores modernos de caudal elevado funcionam segundo o mesmo princípio e têm os mesmos pormenores de conceção, exceto que permitem a recirculação do efluente através do filtro, bombeando parte do efluente do gotejador para o tanque de decantação primário (ou tanque de dosagem do gotejador) e passando-o de novo através do filtro (Satterfield, 1975; Chaudhari e Ramachandran, 1980).

Recirculação de filtros de gotículas de alta eficiência

Uma caraterística essencial e importante dos filtros de alta velocidade é o aumento da taxa de carga dos tabuleiros de recolha. A recirculação envolve o retorno de parte das águas residuais tratadas ou parcialmente tratadas para o processo de tratamento (ou seja, o filtro) (Chaudhary e Vingneswara, 2003; Fleming e Wingender, 2010).

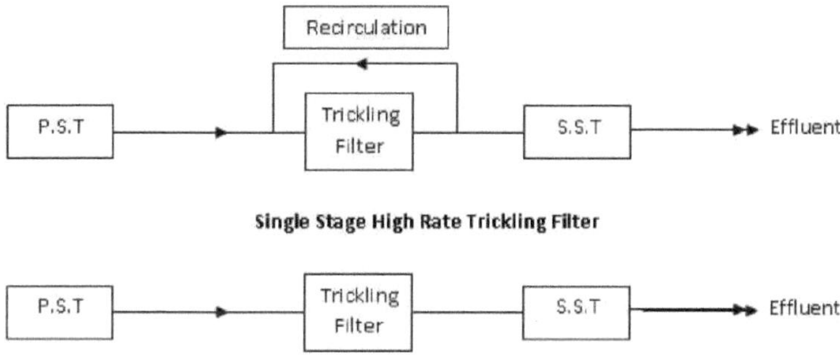

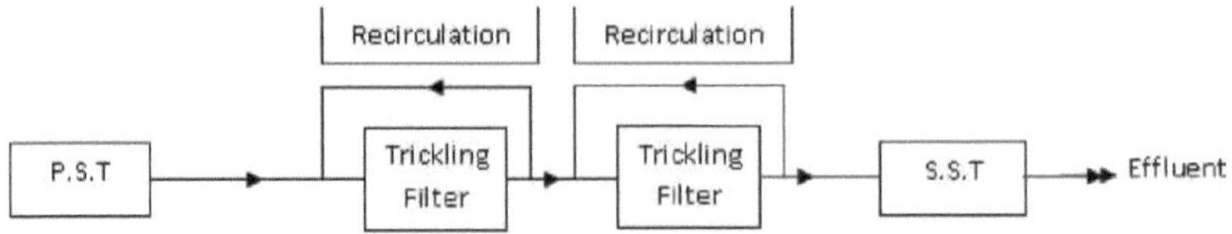

Two Stage High Rate Trickling Filter

111.Contactores biológicos rotativos

Os Contactores Biológicos Rotativos (RBC) são reactores de película sólida que se assemelham a biofiltros, na medida em que os organismos estão ligados a suportes. No caso dos RBC, os suportes são discos que rodam lentamente e que estão parcialmente imersos nas águas residuais que passam pelo reator. O oxigénio é fornecido ao biofilme aderente pelo ar quando o filme não está na água e pelo líquido quando está imerso, uma vez que o oxigénio é transferido para o efluente pela turbulência superficial gerada pela rotação dos discos. As partes soltas do biofilme são removidas da mesma forma que nos biofiltros (Leslie *et al.,* 1998; Lee e Shun, 2000; Frank, 2000; *Tchobanoglouset al.,* 2003).

Os processos biológicos de alta carga combinados com a decantação primária removem geralmente 85% da CBO5 e dos SST inicialmente presentes nas águas residuais brutas, bem como certos metais pesados. As lamas activadas produzem, em geral, um efluente de qualidade ligeiramente superior à dos biofiltros ou dos RBC no que respeita a estes componentes. Combinados com uma fase de desinfeção, estes processos podem garantir uma eliminação considerável, mas não total, de bactérias e vírus. No entanto, removem muito pouco fósforo, azoto, matéria orgânica não biodegradável ou minerais dissolvidos (Findlay, 1993; Finday e Elliott, 2002).

111.4.4 Tratamento terciário e/ou avançado

O tratamento terciário e/ou mais avançado das águas residuais é utilizado para remover determinadas substâncias das águas residuais que não podem ser removidas pelo tratamento secundário. Como se mostra na Figura 3, são necessários tratamentos individuais para remover o azoto, o fósforo, os sólidos suspensos adicionais, a matéria orgânica refractária, os metais pesados e os sólidos dissolvidos. Uma vez que o tratamento adicional se segue normalmente ao tratamento secundário de alto nível, é por vezes referido como tratamento terciário. No entanto, os processos de tratamento adicional são por vezes combinados com o tratamento primário ou secundário (por exemplo, adicionando produtos químicos aos clarificadores primários ou aos tanques de arejamento para remover o fósforo) ou utilizados em vez do tratamento secundário (por exemplo, tratando as águas residuais primárias no fluxo superficial).

Uma modificação do processo de lamas activadas é frequentemente utilizada para eliminar o azoto e o fósforo. Um exemplo desta abordagem é a estação de tratamento de águas residuais, colocada em funcionamento em 1982 na Colúmbia Britânica, Canadá, com uma capacidade de 23 milhões de litros por dia (World Water 1987). O processo Bardenpho utilizado é mostrado de forma simplificada na Figura 6. As águas residuais dos tanques de decantação primários fluem para o reator biológico, que está dividido em cinco zonas por deflectores e açudes. Estas zonas são, por ordem

(i) zona de fermentação anaeróbia (caracterizada por um teor muito baixo de oxigénio dissolvido e pela ausência de nitratos);

(ii) zona anóxica (baixo teor de oxigénio dissolvido, mas presença de nitratos) ;

(iii) zona aeróbica (ventilada) ;

(iv) zona anóxica secundária; e

(v) última zona de ventilação.

A função da primeira zona consiste em condicionar o grupo de bactérias responsáveis pela eliminação do fósforo, submetendo-as a condições de baixa oxidação-redução, o que resulta numa libertação do equilíbrio de fósforo nas células bacterianas. Quando estas células são então expostas a um fornecimento suficiente de oxigénio e fósforo em zonas arejadas, acumulam rapidamente fósforo, excedendo consideravelmente as suas necessidades metabólicas normais. O fósforo é removido do sistema através de lamas activadas.

A maior parte do azoto do efluente está sob a forma de amoníaco e passa praticamente inalterado pelas duas primeiras zonas. Na terceira zona aeróbia, a idade das lamas é tão elevada que ocorre uma nitrificação quase completa e o azoto amoniacal é transformado em nitritos e depois em nitratos. O líquido misto, rico em nitratos, é então reconduzido da zona aeróbia para a primeira zona anóxica. É aqui que tem lugar a desnitrificação, durante a qual os nitratos reciclados são reduzidos a azoto gasoso por bactérias facultativas na ausência de oxigénio dissolvido, sendo os compostos de carbono orgânico que entram utilizados como dadores de hidrogénio. O azoto gasoso escapa-se simplesmente para a atmosfera. Na segunda zona anóxica, os nitratos não reciclados são degradados pela respiração bacteriana endógena. Na última zona de regeneração, o teor de oxigénio dissolvido é novamente aumentado para evitar uma desnitrificação suplementar, que prejudicaria a sedimentação nos tanques de decantação secundários, para onde o líquido misturado flui.

Um programa experimental realizado nesta instalação demonstrou a importância da adição de ácidos gordos voláteis à zona de fermentação anaeróbia, a fim de obter uma boa remoção de fósforo. Estas importantes substâncias orgânicas de cadeia curta (principalmente acetatos) são produzidas pela fermentação controlada de lamas primárias num espessador por gravidade e são libertadas no sobrenadante do espessador, que pode ser enviado para o topo do reator biológico. Sem este retorno do sobrenadante, a remoção total de fósforo desceu rapidamente para o nível das instalações tradicionais de lamas activadas. Os dados de desempenho ao longo de um período de três anos provaram que a reciclagem do espessador de sobrenadante alcançou valores médios de qualidade das águas residuais de 0,5 a 1,38 mg/l de Orto-P, 1,4 a 1,6 mg/l de azoto total e 1,4 a 2,0 mg/l de nitrato N. Esta estação de tratamento biológico avançado custou apenas um pouco mais do que uma estação de lamas activadas tradicional, mas ainda assim exigiu um investimento considerável. Além disso, o processo não é adequado para os países em desenvolvimento devido à sua complexidade e aos conhecimentos necessários para obter resultados consistentes.

Em muitas situações em que o risco de exposição do público à água tratada ou aos seus componentes residuais é elevado, o objetivo do tratamento é minimizar a probabilidade de exposição humana a vírus intestinais e a outros agentes patogénicos. Pensa-se que a presença de sólidos suspensos e coloidais na água impede a desinfeção eficaz dos vírus; estes sólidos devem, portanto, ser removidos por tratamento adicional antes da desinfeção. A ordem de tratamento frequentemente indicada nos Estados Unidos é a seguinte:

tratamento secundário, seguido de coagulação química, sedimentação, filtração e desinfeção. Considera-se que este nível de tratamento produz águas residuais isentas de vírus detectáveis. Os dados sobre a qualidade das águas residuais de uma seleção de estações de tratamento avançadas na Califórnia são apresentados no Quadro 14. Nos países do Médio Oriente onde foi introduzido o tratamento terciário, a tendência é para efetuar a pré-cloração antes da filtração rápida em areia, seguida da pós-cloração. A ozonização final após esta sequência foi considerada em pelo menos um país.

111.4.5 Desinfeção

A desinfeção envolve geralmente a injeção de uma solução de cloro na cabeça de um tanque de contacto com o cloro. A dosagem de cloro depende da intensidade do efluente e de outros factores, mas são comuns dosagens de 5 a 15 mg/l. O ozono e a radiação UV também podem ser utilizados para a desinfeção, mas estes métodos não são comuns. Os tanques de contacto com o cloro são geralmente canais rectangulares equipados com deflectores para evitar curtos-circuitos e concebidos para um tempo de contacto de cerca de 30 minutos. No entanto, para satisfazer os requisitos do tratamento avançado das águas residuais, são por vezes necessários tempos de contacto com o cloro até 120 minutos para certas utilizações das águas residuais tratadas para irrigação. O efeito bactericida do cloro e de outros desinfectantes depende do pH, do tempo de contacto, do teor de matéria orgânica e da temperatura das águas residuais.

111.4.6 Armazenamento de águas residuais

Embora não seja considerado parte do processo de tratamento, um sistema de armazenamento é, na maioria dos casos, uma ligação importante entre a estação de tratamento e o sistema de rega. O armazenamento é necessário pelas seguintes razões:

i. Para compensar as variações diárias do caudal da estação de tratamento de águas residuais e para armazenar os excedentes quando o caudal médio das águas residuais excede as necessidades de irrigação; incluindo o armazenamento no inverno.
ii. Para satisfazer as necessidades de irrigação de ponta, que excedem o caudal médio das águas residuais.
iii. minimizar o impacto de interrupções no funcionamento da estação de tratamento e do sistema de irrigação. O armazenamento actua como um seguro contra a possibilidade de águas residuais inadequadamente tratadas entrarem no sistema de irrigação e poupa tempo na resolução de problemas temporários de qualidade da água.

111.4.7 Fiabilidade do tratamento convencional e avançado de águas residuais

Os sistemas de recuperação e reutilização de águas residuais devem incluir requisitos de conceção e funcionamento que garantam a fiabilidade do tratamento. São importantes caraterísticas de fiabilidade, como sistemas de alarme, alimentação eléctrica de emergência, duplicação do processo de tratamento, armazenamento de emergência ou eliminação de águas residuais subtratadas, dispositivos de monitorização e controlos automáticos. Do ponto de vista da saúde pública, as disposições para uma desinfeção adequada e fiável são as caraterísticas mais importantes do processo avançado de tratamento de águas residuais. Quando a desinfeção é necessária, é preciso incorporar no sistema uma série de caraterísticas de fiabilidade para garantir um fornecimento ininterrupto de cloro (Carter *et al.*, 1999; *Doornet al.*, 2006).

Referências

Adu-Ahyiah, M. e Anku, R. E. (2010). "Small Scale Wastewater Treatment in Ghana (a Scenerio) "Data de acesso, 03-10-2016:1-6.

Ajibade, F.O. (2013). Conceção de um sistema central de eliminação de águas residuais para uma área urbana utilizando o FUTACampus como estudo de caso. Tese *de Mestrado em Engenharia Civil e Ambiental não publicada. Tese*, Departamento de Engenharia Civil e Ambiental, Universidade Federal de Tecnologia, Akure. S. 11 - 14.

Ajibade, F. O., Adewumi, J. R., & Oguntuase, A. M. (2014). Projeto de um sistema melhorado de gestão de águas pluviais para a Universidade Federal de Tecnologia, Akure. *Nigerian Journal of Technology (NIJOTECH)*, volume 33 no. 4, páginas 470 - 481.

Ajibade, F. O., Adewumi, J. R., & Oguntuase, A. M. (2014). Uma abordagem sustentável à gestão de águas residuais na Universidade Federal de Tecnologia, Akure, Nigéria. *Nigerian Journal of Technological Research (NJTR)*, volume 9 no. 2, páginas 27 - 36.

Beychok, M.R. (1971). "Desempenho de bacias aeradas de superfície". *Chemical Engineering Progress Symposium Series*. 67 (107): 322-339. Disponível no sítio Web da CSA Illumina.

Beychok, Milton R. (1967). *Aqueous Wastes from Petroleum and Petrochemical Plants* (1ª edição). John Wiley & Sons Ltd. LCCN 67019834.

Chaudhari, R. V. e Ramachandran, P. A. (março de 1980). "Reactores de lamas trifásicas". *Jornal da AIChE*. 26 (2): 177-201. doi:10.1002/aic.690260202.

Chaudhary, D. S., Vigneswara, S., Ngo, H. H., Shim, W. G. e Moon, H. (2003). Biofiltros no tratamento de água e de águas residuais (PDF). *Jornal Coreano de Engenharia QuímicaVol.*20 No.6.

Carter, C.R., S.F. Tyrrel e P. Howsam (1999). Impact and sustainability of municipal water supply and sanitation programmes in developing countries (Impacto e sustentabilidade dos programas municipais de abastecimento de água e saneamento nos países em desenvolvimento). *Journal of the Chartered Institution ofWater and Environmental Management*, 13: 292-296.

Huhn, C. J., e Hayns, R. M. (1989). A técnica de classificação de riscos na tomada de decisões. *Pergamon press*.

Doorn, M.R.J., Towprayoon, S., Maria, S., Vieira, M., Irving, W., Palmer, C., Pipatti, R.AndWang, C. (2006). Wastewater treatment and disposal. In 2006 IPCC Guidelines for NationalGreenhouse Gas Inventories. WMO, UNEP. S. 5 : 1-6.

Droste, R.L., (1997). Theory and Practice of Water and Wastewater Treatment, John Wiley & Sons, NY.

Eckenfelder, Jr., Wesley, W e Cleary, Joseph G (2014). *Tecnologias de lamas activadas para o tratamento de águas residuais industriais* (1ª edição). Publicações DEStech. p. 234. ISBN 978-160595-019-8.

Elangovan, R. e Saseetharan, M.K. (1997). Unit Operations in Environmental Engineering, New Age International Publishers, New Delhi, 1997.

Fillaudeau L., Blanpain-Avet P. e Daufin G. (2006). Gestão da água, das águas residuais e dos resíduos na indústria cervejeira. J Clean Prod 14(5):463-471

Findlay, G. E. (1993). "The selection and design of rotating biological contactors and reed beds for small sewage treatment plants" Proc, InstnCivEngrs, *Wat.,Marit.,and Energy* 193 101 Dec 237-246

Findlay, G.E. e Elliott, I. (2002). "Design principles to achieve a robust sewage treatment process using rotating biological contactors and reed beds"' *Int. J. Water*, Vol. 2, Nos. 2/3,

Flemming H.C. e Wingender J. (2010). A matriz do biofilme. *Nature Reviews Microbiology*.

Fogler, H. Scott (2006). Elementos de engenharia de reacções químicas (4ª ed.). Upper Saddle River, NJ: Pearson Education International/Prentice Hall PTR. p. 850. ISBN 0130473944.

Frank R. Spellman (2000). *Spellman's Standard Handbook for Wastewater Operators*. CRC Press. ISBN 1-56676-835-7.

Marteau, Mark J. (1975). *Water and Waste-Water Technology*. John Wiley & Sons. pp. 390391. ISBN 0-471-34726-4.

Karia G.L. e Christian, R.A. (2006). Wastewater Treatment: Concept and Design Approach, Prentice-Hall of India Private Limited New Delhi - 110001.

Islam, B. (2015). Lamas de petróleo, seu tratamento e eliminação: uma visão geral. *Int. J. Chem. Sci. 13(4), 2015, 1584-1602 ISSN 0972-768X*

Lee C.C. e Shun Dar Lin (2000). *Handbook of Environmental Engineering Calculations* (1ª edição). McGraw Hill. ISBN 0-07-038183-6.

Leiw, L.W, Kassim, M.A., Muda, M., Loh, S.K., and Affam, A.C. (2015) Convectional Method and Emerging Wastewater Polishing Technologies for Palm Oil MILL Effluent Treatment a Review. *J Environ Manage* 1; 149; 222-235

Leslie Grady, C.P., Glenn T. Daigger e Henry C. Lim (1998). *Biological Wastewater Treatment* (2ª ed.). CRC Press. ISBN 0-8247-8919-9.

Manual do Governo da Índia (1993). ndManual on Sewerage and Sewage Treatment, 2 ed, Ministério do Desenvolvimento Urbano, Nova Deli, 1993.

Marcus Van Sperling (2007). *Reactores de lamas activadas e de biofilme aeróbio*. Publicações IWA.

ISBN 1-84339-165-1.

Metcalf e Eddy (1995). Wastewater Engineering: Treatment, Disposal, Reuse, Tata McGraw- Hill, 3rd edition, New Delhi, 1995.

Metcalf and Eddy, Inc (2003). Wastewater Engineering Treatment and Reuse, quarta edição, p. 1384.

Minne, E., Crittenden, J.C., Pandit, A., Jeong, H., James, J.A., Lu, Z., Xu, M., French, S., Subrahmanyam, M., e Noonan, D. (2011). Água, energia, uso do solo, transportes e interdependência socioeconómica: uma abordagem para sistemas urbanos mais sustentáveis. In: Trabalho apresentado no Simpósio Internacional IEEE sobre Sistemas e Tecnologias Sustentáveis (ISSST), IEEE.

Nicoll, E.H., (1998). Small Water Pollution Control Works: Design and Practice, Ellis Horwood Ltd e John Wiley & Sons, NY, 1998.

Pandey, K. K., Prasad, G. e Singh, V. N. (1985). Remoção de cobre de uma solução aquosa por flyash. *Water Research*, 19: 869-873.

Peavy, S. H., Rowe, D. R. e Tchobanoglous, G., (1985). Environmental Engineering, MacGraw-Hill International Edition 207-322.

Punmia, B.C. e Ashok, J. (1998). ndEnvironmental Engineering, Vol. 2: Wastewater Engineering, 2 ed, Laxmi Publications, New Delhi, 1998.

Ross, S.A., Guo, P.H.M., e Jank, J.E. (1998). Design and Selection of Small Wastewater Treatment Systems,

Geo-Environment, Jodhpur, India 1998.

Satterfield, Charles N. (1975). "Reactores de leito fluidizado". *Journal of the AIChE.* 21 (2) : 209-228. doi:10.1002/aic.690210202.

Savkovic-Stevanovic, J. (2009). Process Safety in the chemical processes. 489-584, *capítulo em Process plant operation, equipment, reliability and control, Editors,C.Nawoha, M. Holloway, and O. Onyewuenyi, 768* páginas, John Wiley &Sons, NewYork, USA, 9781-11802-264-1.

Savkovic-Stevanovic, J. (2009). Safety of wastewater transport systems, Proceedings ofthe2nd . Brasov, Roménia. *Conferência Internacional sobre Ciências e Engenharia Marítima e Naval*, 71-76.

Savkovic-Stevanovic, J. (2010). Análise da fiabilidade e segurança das instalações de processamento. *Petroleumand Coal*, 52(2), 62-68, 1337-7027.

Sheldon, R. (2001). Reacções catalíticas em líquidos iónicos. *Chemical Communications*, 23: 23992407.

Sincero, A.P., e Sincero G.A. (2004). Environmental Engineering: A Design Approach, Prentice-Hall of India, New Delhi, 2004.

Tchobanoglous, G., Burton, F.L., e Stensel, H.D. (2003). *Wastewater Engineering (Treatment Disposal Reuse)* / Metcalf & Eddy, Inc (4ª edição). McGraw-Hill Book Company. ISBN 007-041878-0.

Umamaheswari, J. e Shanthakumar, S. (2016). Eficiência das microalgas no tratamento de águas residuais industriais: uma visão geral das condições de funcionamento, eficiência do tratamento e produtividade da biomassa Rev Environ SciBiotechnol 15:265-284

Xiang Zheng, Zhenxing Zhang, Dawei Yu, Xiaofen Chen, Rong Cheng, Shang Min, Jiangquan Wang, Qingcong Xiao, Jihua Wang (2015). Visão geral das aplicações da tecnologia de membrana para o tratamento de águas residuais industriais na China para melhorar o abastecimento de água Recursos, conservação e reciclagem 105 : 1 - 10

Zhang, Z., e Balay, J.W., (2014). Quanto é demasiado? Desafios à retirada de água e à gestão do uso consuntivo. J. Water Resour. Plan. Manag. 140 (6), 01814001.

Zheng, X., e Wei, Y., (2013). Relatório sobre a estratégia de desenvolvimento sustentável da indústria de tratamento de água da China: Indústria de Membranas. Imprensa da Universidade Renmin da China, Pequim

Zheng, X., Zhou, Y., Chen, S., Hong, Z., e Zhou, C., (2010). Visão geral das tendências e perspectivas do mercado de MBR na China. Desalination 250, 609-612.

Zheng, X., Chen, D., Wang, Q., e Zhang, Z., (2014). Dessalinização da água do mar na China: retrospetiva e perspectivas. Chem. Eng. J. 242, 404-413.

Capítulo 4

Panorama das tendências actuais na gestão de resíduos

Ugya, A.Y e Aziz, A.[2]

[1]Departamento de Ciências Biológicas, Universidade Bayero de Kano, Estado de Kano, Nigéria

[2]Universidade Lasbela de Agricultura, Água e Ciências Marinhas, Uthal, Baluchistão, Paquistão

Resumo

A gestão dos resíduos sólidos é um dos serviços básicos prestados pelas autarquias locais do país para manter os centros urbanos limpos. No entanto, é um dos serviços menos bem prestados neste domínio. Os sistemas aplicados são pouco científicos, obsoletos e ineficazes, a densidade populacional é baixa e os pobres são marginalizados. Os resíduos estão por todo o lado, o que leva a condições de vida insalubres. As leis locais que regem as comunidades urbanas não contêm disposições suficientes para resolver eficazmente o problema cada vez maior da eliminação dos resíduos sólidos. Com a rápida urbanização, a situação está a tornar-se cada vez mais crítica. Este relatório examina o atual cenário da gestão dos resíduos sólidos

Palavras-chave: incinerador de resíduos, aterro sanitário, ecossistema, país, turismo, economia

4.0 Introdução

Em África, são produzidas diariamente milhares de toneladas de resíduos sólidos. A maior parte acaba em lixeiras a céu aberto e em zonas húmidas, poluindo as águas superficiais e subterrâneas e apresentando grandes riscos para a saúde. As taxas de produção, que só estão disponíveis para certas cidades e regiões, são de cerca de 0,5 quilogramas por pessoa por dia - nalguns casos chegam a 0,8 quilogramas por pessoa por dia. Embora isto possa parecer modesto em comparação com os 1 a 2 kg por pessoa por dia produzidos nos países industrializados, a maior parte dos resíduos em África não é recolhida pelos sistemas de recolha municipais devido a má gestão, irresponsabilidade fiscal ou má conduta, falha de equipamento ou orçamento insuficiente para a gestão de resíduos (Medina, 1997).

Embora os materiais de alto e baixo valor sejam geralmente recuperados e reutilizados, representam apenas uma pequena percentagem do fluxo total de resíduos. A maior parte dos resíduos (70%) é orgânica. Em teoria, estes resíduos poderiam ser transformados em composto ou utilizados para produzir biogás, mas em situações em que os sistemas rudimentares de gestão dos resíduos sólidos mal funcionam, é difícil incentivar a inovação, mesmo que seja potencialmente rentável. Além disso, as substâncias perigosas e infecciosas são eliminadas juntamente com os resíduos gerais em todo o continente. Trata-se de uma situação particularmente perigosa que complica o problema dos resíduos (Medina, 1997). Na maior parte da África Subsariana, a produção de resíduos sólidos excede a capacidade de recolha. Isto deve-se em parte ao rápido crescimento da população urbana: embora apenas 35% da população subsariana viva em zonas urbanas, a população urbana aumentou 150% entre 1970 e 1990. No entanto, o problema da procura crescente é agravado por veículos de recolha avariados e pela má gestão e conceção dos programas. Nas cidades da África Ocidental, até 70 por cento dos camiões estão constantemente fora de serviço e, em 1999, a cidade de Harare não conseguiu recolher os resíduos de quase todos os seus habitantes porque apenas 7 dos 90 camiões estavam operacionais (Medina, 1997).

Por razões de saúde, os resíduos devem, de facto, ser recolhidos diariamente nas regiões tropicais. Isto torna os desafios e os custos da gestão de resíduos em grande parte de África ainda mais assustadores. Regra geral, é o centro da cidade e os bairros mais ricos que são servidos, sempre que possível. Nas zonas mais pobres, os resíduos não recolhidos acumulam-se nas bermas das estradas, são queimados pelos residentes ou depositados em lixeiras ilegais que desfiguram os bairros e põem em perigo a saúde pública. Quando é este o caso, a varredura manual das ruas por funcionários municipais ou proprietários de lojas pode ajudar a reduzir este impacto nas zonas mais públicas. No entanto, em muitas cidades, a acumulação de lixo nas bermas das estradas atingiu níveis semelhantes aos que provocaram epidemias nas cidades europeias há 500 anos. Se não forem implementados programas mais eficazes de gestão dos resíduos urbanos e sistemas públicos de abastecimento de água, as epidemias de cólera, febre tifoide e peste poderão tornar-se cada vez mais frequentes. Apenas uma pequena parte dos resíduos da região é depositada em aterros; a maior parte é depositada em lixeiras a céu aberto ou em aterros semi-controlados, com fugas, sem proteção das águas subterrâneas, recuperação de lixiviados ou sistemas de tratamento. Os maiores aterros estão situados na periferia das cidades, vilas e aldeias, por vezes em zonas ecologicamente sensíveis ou em zonas onde o abastecimento de água subterrânea está ameaçado. São locais de reprodução de ratos, moscas, aves e outros organismos que actuam como vectores de doenças. O fumo dos resíduos queimados pode prejudicar a saúde dos habitantes locais e o cheiro afecta a sua qualidade de vida (Lardinois, 1996).

Embora os materiais sejam geralmente recuperados e reutilizados para uso privado, há também muitos profissionais que recolhem resíduos. Estes correm sérios riscos devido a agentes patogénicos, objectos cortantes e outros perigos presentes nos resíduos, especialmente porque geralmente não usam equipamento de proteção. O elevado nível de reutilização de resíduos não orgânicos reflecte a extensão da pobreza na região. A triagem e o tratamento dos resíduos orgânicos são muito raros. Existem programas municipais de compostagem em algumas cidades sul-africanas, mas as poucas instalações de compostagem em grande escala construídas noutros locais já não estão em funcionamento. A digestão anaeróbia para a produção de metano não está generalizada e utiliza geralmente chorume e resíduos não orgânicos. Embora a recolha de resíduos sólidos seja geralmente uma tarefa municipal, alguns países e municípios estão agora a experimentar a privatização limitada destes serviços, com algum sucesso. Devido à inadequação da recolha, muitos residentes - dos mais pobres aos mais ricos - pagam pela recolha privada dos seus resíduos quando estes serviços são legalizados (Lifset, 1997).

As incineradoras de resíduos domésticos são demasiado caras para a maioria dos municípios e não são utilizadas. De qualquer modo, não são geralmente viáveis, uma vez que a maior parte do papel que pode ser reutilizado é removido do fluxo de resíduos e o que resta são resíduos orgânicos demasiado húmidos para serem queimados. Alguns hospitais e comunidades dispõem de incineradores de resíduos hospitalares, mas muitas vezes estes não funcionam corretamente. A epidemia de VIH/SIDA aumentou as preocupações sobre a reutilização de seringas e estão a ser feitos esforços para construir incineradores de baixo custo, de câmara dupla e alta temperatura para destruir seringas juntamente com outros resíduos médicos. Este ensaio salienta as consequências ambientais da má gestão dos resíduos e propõe novas tecnologias que podem ser utilizadas eficazmente na gestão dos resíduos sólidos para reduzir o risco de má gestão (Akolkar, 2005).

4.1 Fontes de resíduos sólidos

Os resíduos sólidos diferem da poluição do ar e da água na medida em que assumem a forma de quanta discretos e são, por natureza, altamente heterogéneos. Tanto a sua composição como a sua quantidade variam consideravelmente de dia para dia e de fonte para fonte. As duas principais fontes de resíduos sólidos são as actividades industriais e agrícolas.

4.1.1 Empresa industrial

As empresas industriais produzem resíduos industriais, ou seja, todos os materiais sólidos descartados produzidos num estabelecimento ou empresa industrial, com exceção dos sólidos dissolvidos ou suspensos nas águas residuais industriais. A composição dos resíduos industriais varia de local para local, e entre e dentro das indústrias.

4.1.2 Explorações agrícolas

As explorações agrícolas produzem principalmente resíduos orgânicos, mas há excepções, como os produtos químicos utilizados em diferentes sectores da agricultura, por exemplo, pesticidas, contentores e pequenas quantidades de resíduos diversos gerados pela manutenção e pelos agregados familiares em geral.

4.1.3 Projectos urbanos

Os trabalhos domésticos geram resíduos, incluindo lixo, detritos, cinzas, objectos volumosos, materiais de demolição, entulho, detritos rodoviários, veículos abandonados, etc.

4.1.4 Operações municipais

As operações municipais geram resíduos, incluindo

(Bhaita, 2011).

4.2 Potencial impacto ambiental das actividades de gestão de resíduos sólidos

O fluxo típico de resíduos sólidos urbanos inclui resíduos gerais (materiais orgânicos e recicláveis), resíduos especiais (resíduos domésticos perigosos, resíduos médicos e resíduos industriais) e resíduos de construção e demolição. A maior parte dos impactos negativos da gestão de resíduos no ambiente deve-se à recolha e reciclagem insuficientes ou incompletas de resíduos recicláveis ou reutilizáveis, bem como à eliminação incorrecta de resíduos perigosos. Estes impactos são também causados por locais inadequados e pela conceção, funcionamento e manutenção dos aterros sanitários. Medidas inadequadas de gestão de resíduos podem :

4.2.1 favorecem a transmissão de doenças ou ameaçam de outro modo a saúde pública. A matéria orgânica em decomposição representa um grande risco para a saúde pública e pode, como vimos, servir de ninho para vectores de doenças. Os colectores de lixo e os recolhedores de materiais recicláveis são particularmente vulneráveis e podem também tornar-se vectores de doenças, infectando-se e transmitindo doenças quando os excrementos humanos ou animais ou os resíduos hospitalares estão presentes no fluxo de resíduos. (Ver a discussão sobre resíduos hospitalares mais adiante e a secção separada sobre "Resíduos de cuidados de saúde": produção, manuseamento, tratamento e eliminação no presente volume). O risco de envenenamento, cancro, malformações congénitas e outras doenças também é elevado (Johannessen et al., 2000).

4.2.2 contaminação das águas subterrâneas e superficiais. Os resíduos sólidos urbanos podem libertar substâncias tóxicas e agentes patogénicos nos lixiviados dos aterros. (Os lixiviados são os efluentes líquidos dos aterros sanitários; são constituídos por resíduos orgânicos decompostos, resíduos líquidos, águas pluviais infiltradas e extractos de substâncias solúveis). Se o aterro não for estanque, esta água pode contaminar as águas subterrâneas ou superficiais, consoante o sistema de drenagem e a composição do solo subjacente. Muitas substâncias tóxicas que entram no fluxo geral de resíduos só podem ser tratadas ou eliminadas com recurso a tecnologias de ponta e dispendiosas. Estas não são, em geral, viáveis em África atualmente. Mesmo depois de os componentes orgânicos e biológicos terem sido tratados, o produto final continua a ser nocivo (Johannessen et al., 2000).

4.2.3 São a fonte de emissões de gases com efeito de estufa e de outros poluentes atmosféricos. Quando os resíduos orgânicos são depositados em aterros profundos, sofrem uma degradação anaeróbia e tornam-se uma fonte importante de metano, um gás que retém o calor na atmosfera 21 vezes mais do que o dióxido de carbono. Os resíduos são frequentemente incinerados em zonas residenciais e em aterros sanitários para reduzir o seu volume e libertar metais. A incineração produz um fumo denso que contém monóxido de carbono, fuligem e óxidos de azoto, todos eles nocivos para a saúde e que reduzem a qualidade do ar nas cidades. A incineração do policloreto de vinilo (PVC) produz dioxinas altamente cancerígenas.

4.2.4 Danos aos ecossistemas. Quando os resíduos sólidos são despejados em rios ou riachos, podem alterar os habitats aquáticos e prejudicar as plantas e animais nativos. O elevado teor de nutrientes dos resíduos orgânicos pode reduzir o oxigénio dissolvido na água, privando os peixes e outros organismos aquáticos de oxigénio. Os sólidos podem causar sedimentação e alterar a corrente da água e o habitat do fundo. A localização de aterros sanitários em ecossistemas frágeis pode destruir ou danificar seriamente estes preciosos recursos naturais e os serviços que prestam (Johannessen, 1999).

4.2.5 ferir pessoas e bens. Nos locais onde existem bairros de lata ou favelas perto de lixeiras a céu aberto ou de aterros mal concebidos ou geridos, os deslizamentos de terras ou os incêndios podem destruir casas e ferir ou matar os residentes. A acumulação de resíduos ao longo das bermas das estradas pode apresentar riscos físicos, bloquear os esgotos e causar inundações locais (Johannessen et al., 2000).

4.2.6 Desincentiva o turismo e outras actividades económicas. O cheiro desagradável e o aspeto pouco atrativo dos montes de resíduos sólidos não recolhidos ao longo das estradas, nos campos, nas florestas e noutras zonas naturais podem ser prejudiciais para o turismo e para a criação ou manutenção de empresas (Scheinberg, 2001).

4.3.0 Tratamento e eliminação de resíduos sólidos

As principais opções tecnológicas para a transformação/tratamento e eliminação de RSU são a compostagem, a vermicompostagem, a digestão anaeróbia/biometanização, a incineração, a gaseificação e a pirólise, a pirólise de plasma, a produção de combustíveis de substituição (SRF), também conhecida como peletização, e a recuperação de gases de aterros sanitários/aterros sanitários. Nem todas as tecnologias são iguais. Cada uma tem vantagens e limitações.

4.4.0 Compostagem

A compostagem é uma tecnologia que sempre foi utilizada na Índia. A compostagem é a decomposição da matéria orgânica por microrganismos num ambiente quente, húmido, aeróbico e anaeróbico. Os agricultores têm utilizado composto feito de estrume de vaca e outros resíduos agrícolas. O composto produzido a partir de resíduos urbanos heterogéneos tem um teor de nutrientes mais elevado do que o composto produzido a partir de estrume de vaca e de resíduos agrícolas. A compostagem de resíduos urbanos é, por conseguinte, a tecnologia mais simples e mais rentável para tratar a fração orgânica dos resíduos urbanos. A tecnologia de compostagem já está totalmente comercializada na Índia e é utilizada em várias cidades. No entanto, a sua aplicação em terrenos agrícolas, jardins de chá, pomares ou como corretivo do solo em parques, jardins, terrenos agrícolas, etc. é limitada devido a uma comercialização deficiente. Os principais benefícios da compostagem incluem a melhoria da textura do solo e a correção das deficiências de micronutrientes. Também aumenta a capacidade de retenção de humidade do solo e promove a sua saúde. É também um conceito antigo e comprovado para devolver nutrientes ao solo. É simples e fácil de aplicar aos resíduos urbanos separados na origem. Em comparação com outras opções de tratamento de resíduos, não requer um investimento de capital significativo. A tecnologia é independente da dimensão. A compostagem é adequada para a fração orgânica biodegradável dos resíduos sólidos urbanos, resíduos de estaleiro (ou jardim)/resíduos com elevado teor de lenhinocelulose que não são facilmente degradáveis em condições anaeróbias, resíduos de matadouros e resíduos lácteos. No entanto, este método não é muito adequado para resíduos que possam estar demasiado húmidos e, em caso de chuva forte, as instalações de compostagem a céu aberto têm de ser encerradas. O espaço necessário para as instalações de compostagem a céu aberto é relativamente grande. Além disso, os problemas de emissões de metano, odores e moscas persistem em instalações de compostagem a céu aberto mal geridas. Se os resíduos não forem corretamente separados na fonte, os materiais tóxicos podem acabar no fluxo de resíduos sólidos urbanos. É essencial que o composto produzido seja seguro para utilização. Por conseguinte, é necessário normalizar a qualidade do composto. As Regras de Gestão e Tratamento de Resíduos Urbanos de 2000 (Regras de RSU de 2000) estabelecem determinados limites para a quantidade de metais pesados permitida no composto proveniente de resíduos urbanos e foi criado um mecanismo para garantir que esses limites sejam rigorosamente respeitados.

A comercialização do composto é um grande problema para os operadores privados. A falta de sensibilização dos agricultores para os benefícios da utilização do composto constitui um obstáculo à sua venda. Além disso, o produto deve ser comercializado perto do local de compostagem para minimizar os custos de transporte.

100-700 TPD (quadro A8.9 no apêndice). Muitas foram encerradas ou estão a funcionar com capacidade reduzida. As que ainda estão em funcionamento são geralmente exploradas pelo sector privado ao abrigo de um acordo contratual com as autoridades locais. A maioria das instalações enfrenta o problema do composto de comercialização, uma vez que os mecanismos de comercialização são ineficazes. O investimento necessário para tais projectos situa-se geralmente entre 10 e 20 milhões de rupias para 100 toneladas por dia, dependendo da complexidade da instalação (Bhaita, 2011).

4.5.0 Compostagem de Vermi

O vermicomposto é um fertilizante orgânico natural obtido a partir dos excrementos de minhocas alimentadas com resíduos orgânicos cientificamente semi-degradados. Já foram construídas algumas pequenas unidades de vermicompostagem em algumas cidades indianas, a maior das quais em Bangalore, com uma capacidade de cerca de 100 toneladas por dia. A vermicompostagem é normalmente preferida à compostagem microbiana nas pequenas cidades, uma vez que requer menos mecanização e é fácil de operar. No entanto, há que ter o cuidado de garantir que não entram na cadeia materiais tóxicos, que poderiam matar as minhocas.

4.6.0 Resíduos para energia

Embora a tecnologia de produção de energia a partir de resíduos (WTE) tenha sido comprovada em todo o mundo, a sua viabilidade e sustentabilidade ainda não foram demonstradas e estabelecidas neste país.

Os principais factores que determinam a rentabilidade técnico-económica dos projectos WTE são o nível de investimento, a escala das operações, a disponibilidade de resíduos de qualidade, os requisitos regulamentares e os riscos do projeto. Os projectos WTE implicam geralmente um investimento mais elevado e são mais complexos do que outras opções de gestão de resíduos, mas, como salienta o Ministério das Fontes de Energia Não Convencionais (MNES), os benefícios em termos de redução de resíduos, energia, etc. são também mais elevados. Estas instalações são financeiramente viáveis nos países desenvolvidos, principalmente devido às taxas de descarga/portão cobradas pela instalação pela eliminação de resíduos, para além das receitas da venda de eletricidade. Em segundo lugar, é da exclusiva responsabilidade do operador da instalação tratar e eliminar os resíduos aceites de acordo com os requisitos legais. No entanto, atualmente, na Índia, as receitas da venda de eletricidade são a única fonte de rendimento das instalações de tratamento de resíduos. A maioria das cidades produz resíduos suficientes para permitir a construção de projectos com uma capacidade total entre 5 e 50 MW, o que corresponde a uma produção de resíduos entre 500 e 5 000 TPD. Tecnologicamente, é mesmo possível criar projectos mais pequenos com uma capacidade de 1 a 5 MW, o que corresponde a um volume de resíduos de 100 a 500 TPD. No entanto, as economias de escala favorecem geralmente os grandes projectos centralizados. Os resíduos de várias regiões/cidades vizinhas poderiam ser tratados numa instalação WIP comum, mas, nesses casos, os custos de transporte dos resíduos devem ser cuidadosamente ponderados em relação aos benefícios do projeto. A aplicação de medidas rigorosas de separação de resíduos na fonte, para evitar a mistura de fluxos de resíduos indesejáveis, desempenhará um papel importante na rendibilidade financeira de uma instalação de tratamento de resíduos de EEE. Os requisitos legais que uma instalação de REEE deve cumprir determinam diretamente o custo das medidas ambientais rigorosas que devem ser integradas na instalação como um todo. As condições de entrega dos resíduos urbanos, a atribuição de terrenos e a venda/compra de eletricidade têm um impacto direto no rendimento líquido do operador da instalação e são factores que determinam a viabilidade financeira dos projectos e o envolvimento do sector privado. Uma vez que os empréstimos do IF para estas instalações são geralmente concedidos numa base de projeto a projeto, é essencial que todos os riscos do projeto sejam devidamente abordados através de acordos back-to-back.

Devem ser celebrados acordos de compra de eletricidade para garantir a viabilidade comercial. Algumas tecnologias de produção de energia a partir de resíduos são discutidas a seguir (Asnani, 2004).

4.7.0 Digestão anaeróbia e biometanização

A biometanização é uma tecnologia relativamente bem estabelecida para desinfetar, desodorizar e estabilizar as lamas de depuração, o estrume das explorações agrícolas, o estrume animal e as lamas industriais. A sua aplicação à fração orgânica dos resíduos urbanos é mais recente e menos difundida. Para além da produção de composto (lamas residuais), conduz também à produção de biogás/eletricidade. Este método oferece uma vantagem suplementar em relação ao processo aeróbio (compostagem) e apresenta ainda outras vantagens claras em relação à compostagem em termos de produção/consumo de energia, de qualidade do composto e de ganhos ambientais líquidos. Este método é adequado para os resíduos de cozinha e outros resíduos putrescíveis que são demasiado húmidos e pouco estruturados para a compostagem aeróbia. É um processo que produz energia líquida (100-150 kWh por tonelada de resíduos). Um sistema completamente fechado permite a recolha e a utilização de todo o gás produzido. A conceção modular da instalação e o tratamento em circuito fechado reduzem a superfície necessária. A instalação é isenta de odores incómodos, de infestação por roedores e moscas, de poluição visível e de resistência social. Tem o potencial de ser eliminada com outros fluxos de resíduos orgânicos da agroindústria. A instalação pode ser expandida à medida que os resíduos ficam disponíveis.

No entanto, este método só é adequado para a fração orgânica biodegradável dos resíduos urbanos; a matéria orgânica complexa, os óleos, as gorduras ou os materiais lignocelulósicos, como os resíduos de jardim, não são degradados. Tal como na compostagem aeróbia, os resíduos recebidos devem ser separados para melhorar a eficiência da fermentação (produção de biogás) e a qualidade das lamas residuais. Embora as lamas líquidas possam ser utilizadas diretamente, ou após secagem, como fertilizante orgânico rico, a sua qualidade deve ser assegurada para cumprir as normas legais. Não deve haver trituração de resíduos. As águas residuais produzidas na instalação devem ser tratadas antes da eliminação, de modo a cumprir as normas legais. As fugas de biogás apresentam um baixo risco ambiental e de incêndio. Esta instalação requer mais capital do que a compostagem aeróbia. A tecnologia de biogás desenvolvida no BARC, na Índia, e comercializada como biodigestor Nisarguna, é uma melhoria desta tecnologia (Bhaita, 2011).

4.8.0 Produção de combustíveis alternativos (CDR) ou granulação

Trata-se essencialmente de um método de tratamento de resíduos urbanos mistos, que pode ser muito eficaz na preparação de combustível enriquecido para processos térmicos, como a incineração ou os fornos industriais.

Os aglomerados de CDR são fáceis de armazenar e transportar a longas distâncias e podem ser utilizados como um substituto mais barato do carvão. Uma vez que a peletização envolve uma triagem considerável, oferece uma maior possibilidade de remover substâncias nocivas para o ambiente dos resíduos entregues antes da incineração. No entanto, o processo consome muita energia e não é adequado para resíduos domésticos húmidos durante a estação das chuvas. Se os pellets de FTR estiverem contaminados com substâncias tóxicas/perigosas, os pellets não são seguros para queima a céu aberto ou para uso doméstico: tais instalações estão nas fases iniciais de desenvolvimento na Índia. A viabilidade e a sustentabilidade do processo tecnológico e os projectos em curso ainda estão a ser estudados (Bhaita, 2011).

4.9.0 Incineração

Este método, corrente nos países industrializados, é mais adequado para os resíduos com um elevado poder calorífico e um elevado teor de papel, plásticos, materiais de embalagem, resíduos patológicos, etc. Reduz o volume de resíduos em mais de 90% e transforma-os em materiais inofensivos com recuperação de energia. O processo é relativamente higiénico, silencioso e inodoro, e o espaço necessário é mínimo. A instalação pode ser localizada dentro dos limites da cidade, reduzindo os custos de transporte dos resíduos. No entanto, este método é menos adequado para a eliminação de resíduos clorados e de resíduos aquosos com elevado teor de humidade e baixo valor calorífico, uma vez que é necessário combustível adicional para manter a combustão, o que tem um impacto negativo na recuperação líquida de energia.

A instalação requer um investimento de capital significativo e implica custos consideráveis de funcionamento e manutenção. É necessário pessoal qualificado para operar e manter a instalação. As emissões de partículas, Sox, NOx, compostos clorados para a atmosfera e metais tóxicos nas partículas, que se concentram nas cinzas, têm suscitado preocupações (Bhaita, 2011).

4.10 Pirólise/gasificação, pirólise-nitrificação por plasma (PPV)/arco de plasma

Os processos de pirólise-gaseificação estão bem estabelecidos para materiais orgânicos homogéneos, como a madeira, a pasta de papel, etc., enquanto a vitrificação por pirólise de plasma é uma tecnologia relativamente nova para a eliminação de resíduos particularmente perigosos, resíduos radioactivos, etc. As substâncias tóxicas são encapsuladas numa massa vítrea que é relativamente mais segura de manusear do que as cinzas do incinerador/gaseificador. Estes processos estão agora a ser propostos como uma opção atractiva para a eliminação de resíduos urbanos. Todos estes processos garantem não só a recuperação líquida de energia, mas também a destruição adequada dos resíduos. Por conseguinte, estes processos oferecem uma vantagem em relação à incineração. Este processo produz gás/óleo de aquecimento que substitui os combustíveis fósseis e, em comparação com a incineração, a poluição atmosférica pode ser controlada ao nível da instalação. As emissões de gases NO e SO não ocorrem durante o funcionamento normal devido à falta de oxigénio no sistema. Trata-se de um processo de capital e energia intensivos, e a recuperação líquida de energia pode ser afetada no caso de resíduos com um teor excessivo de humidade e de matéria inerte. A elevada viscosidade do óleo de pirólise pode colocar problemas ao nível do transporte e da incineração. A concentração de substâncias tóxicas/perigosas nas cinzas de gaseificação exige um manuseamento e eliminação cuidadosos. Não existem instalações comerciais de eliminação de resíduos urbanos na Índia ou noutros locais. Trata-se de uma tecnologia emergente para os resíduos urbanos que ainda não foi demonstrada com êxito para aplicação em grande escala (MOUDPA 2000).

4.11 Aterros sanitários e recuperação de gases de aterro

A deposição em aterro é o último recurso para a eliminação de todos os tipos de resíduos residuais, urbanos, comerciais e institucionais, bem como de resíduos sólidos urbanos não recuperados de instalações de tratamento de resíduos e de outros tipos de resíduos inorgânicos e inertes que não podem ser reutilizados ou reciclados num futuro previsível. A sua principal vantagem é o facto de ser a opção mais rentável para a gestão de resíduos e de ter o potencial de recuperar o gás de aterro como fonte de energia, o que representa um ganho líquido para o ambiente quando os resíduos orgânicos são depositados em aterro. Após a necessária limpeza, o gás pode ser utilizado para gerar eletricidade ou como combustível doméstico para aplicações térmicas directas1. A exploração de um aterro não requer pessoal altamente qualificado. A principal desvantagem deste método é o transporte dispendioso dos resíduos urbanos para aterros distantes. Na ausência de sistemas de drenagem adequados, as águas superficiais podem ser contaminadas pelo escoamento e, na ausência de um sistema adequado de recolha e tratamento de lixiviados, os aquíferos podem ser contaminados por lixiviados poluídos. Um processo ineficiente de recuperação de gás emite para a atmosfera dois dos principais gases com efeito de estufa, o dióxido de carbono e o metano. Requer grandes áreas de terreno. Por vezes, os custos do pré-tratamento para melhorar a qualidade do gás e do tratamento dos lixiviados podem ser consideráveis. Existe um risco de auto-ignição/explosão devido a possíveis concentrações de metano no ar no interior do aterro ou nas instalações circundantes, na ausência de ventilação adequada do gás. As comunidades urbanas têm geralmente muita dificuldade em encontrar um aterro adequado que cumpra os requisitos da regulamentação relativa aos resíduos urbanos, uma vez que ninguém quer ter um aterro perto da sua propriedade. Este fenómeno é conhecido na linguagem comum como a síndrome "Not In My Backyard" (NIMBY). Os custos de construção, exploração e manutenção de um aterro projetado são também elevados quando comparados com os custos mínimos que se verificam atualmente para a eliminação de resíduos em bruto. Os aterros de pequena dimensão são muito mais caros do que os aterros regionais de custos partilhados (Rushbrook e Pugh 1999).

Conclusão

Alguns resíduos, devido à sua natureza ou volume perigosos, exigem tratamento e eliminação específicos. A melhor forma de minimizar ou evitar a produção desses resíduos é incentivar os utilizadores a utilizar métodos de produção mais limpos e a substituir materiais ou modificar processos (ver "Orientações ambientais para actividades com micro e pequenas empresas" no presente volume). Os resíduos produzidos devem ser recolhidos e eliminados separadamente uns dos outros e do resto do fluxo de resíduos.

Referências

Akolkar, A.B. (2005). *Status of Solid Waste Management in India, Implementation Status of Municipal Solid Wastes*, Management and Handling Rules 2000, Central Pollution Control Board, New Delhi.

Asnani, P.U. (2004). *United States Asia Environmental Partnership Report*, Agência dos Estados Unidos para o Desenvolvimento Internacional, Centro de Planeamento e Tecnologia Ambiental, Ahmedabad (2005). *Relatório do Comité Técnico, West Bengal SWM Mission 2005*, Governo de Bengala Ocidental, Calcutá.

Bhaita, S.C. (2011). *Environmental Pollution and Control in Chemical Process Industries".* 2 nd Edition, Kanna Publishers India pp 1273.

Johannessen, L. M. (1999c). *Guidance note on municipal solid waste landfill management (Nota de orientação sobre a gestão de aterros de resíduos sólidos urbanos).* Urban and Local Government working Paper Series No. 5, The World Bank, Washington, D.C.

http://www.worldbank.org/urban/solid wm/erm/CWG%20ordner/uwp5.pdf

Johannessen, L. M., M. Dijkman, C. Bartone, D. Hanrahan, G. Boyer e C. Chandra (2000). *Guidance Note on Health Care Waste Management (Nota de Orientação sobre Gestão de Resíduos de Cuidados de Saúde).* HNP Discussion Paper, Human Development Network, Banco Mundial, Washington, D. C. http://siteresources.worldbank.org/HEALTHNUTRITIONANDPOPULATION/Resources/281627-1095698140167/Johannssen-HealthCare-whole.pdf

Lardinois, Inge (1996). *Resíduos sólidos - Micro e pequenas empresas e cooperativas na América Latina.* Centro de Pesquisa para o Desenvolvimento Mundial.

http://www.gdrc.org/uem/waste/swm-solidwaste.html

Lifset, Reid (moderador da conferência) (1997/1998). Conferência na Internet no âmbito do programa de parceria público-privada do PNUD: The search for best practice in urban waste management in developing countries. Conferência na Internet. Programa Yale/PNUD para parcerias público-privadas. http://www.undp.org/pppue/gln/publications/intemet-new.htm

Medina, Martin (1997). *Informal Recycling and Solid Waste Collection in Developing Countries: Issues and Opportunities [Reciclagem Informal e Recolha de Resíduos Sólidos nos Países em Desenvolvimento: Questões e Oportunidades].* Universidade das Nações Unidas, Instituto de Estudos Avançados. http://www.gdrc.org/uem/waste/swm-ias.pdf

MOUDPA (2000). *Manual on Solid Waste Management*, Ministério do Desenvolvimento Urbano e do Alívio à Pobreza, Publicações do Governo da Índia, Nova Deli (2003). *Projeto de Relatório do Grupo Central sobre Tecnologia Apropriada, Investigação e Desenvolvimento (SWM)*, Grupo Consultivo sobre Tecnologia e Ministério do Desenvolvimento Urbano e Alívio da Pobreza, Governo da Índia, Nova Deli.

Rushbrook, P.E., e M.P. Pugh (1999). *Solid Waste Landfills in Middle and Lower-income Countries: A Technical Guide to Planning, Design and Operation.* Banco Mundial/SDC/OMS/SKAT.http://www-wds.worldbank.org/servlet/WDSContentServer/WDSP/IB/2002/12/06/000 094946_02112104104987/Rendered/PDF/multi0page.pdf

Capítulo 5

O papel da tecnologia de tratamento biológico de resíduos no tratamento de águas residuais industriais

Ugya A.Y

Departamento de Ciências Biológicas, Universidade Bayero de Kano, Kano, Nigéria.

Resumo

Neste trabalho, o papel do tratamento biológico de resíduos foi estudado em pormenor, mas com referência específica aos tipos e à importância dos processos de recuperação ambiental. O tratamento biológico é uma parte importante e integrante de qualquer estação de tratamento de águas residuais que trate águas residuais municipais ou industriais contendo contaminantes orgânicos solúveis ou uma mistura de ambos. Este capítulo aborda brevemente o papel, a importância e os tipos de tecnologia verde, bem como a utilização desta tecnologia para eliminar a poluição do ambiente. O capítulo aborda igualmente os diferentes tipos de tratamento biológico.

Palavras chave: microalgas, tratamento aeróbio, tratamento anaeróbio, bioreactor de membrana.

5.0 Introdução

Uma das consequências da industrialização no último século tem sido a rápida libertação de poluentes complexos no ambiente pelos seres humanos, ameaçando a qualidade a longo prazo dos nossos recursos hídricos. Por conseguinte, são urgentemente necessárias medidas corretivas para travar a poluição da água (Allard e Neilson, 1997; Nicolella *et al.*, 2000; Kumar *et al.*, 2011).

O tratamento das águas residuais industriais é geralmente difícil, principalmente devido às rápidas mudanças na sua composição, à elevada carência química de oxigénio (CQO), ao pH, à salinidade, etc. e à presença de substâncias sintéticas ou naturais que inibem ou são tóxicas para os microrganismos nas lamas activadas. A presença de substâncias inibidoras ou tóxicas pode levar a uma redução da atividade biológica, o que, por sua vez, reduz a capacidade de remoção do sistema e tem um impacto negativo na qualidade final das águas residuais (Ozgun *et al.*, 2013; Dvor'a'k, *et al.*, 2014; Lin *et al.*, 2013).

A tecnologia de tratamento biológico tem uma longa história e tem sido utilizada com sucesso há mais de um século para tratar uma vasta gama de águas residuais industriais e de processo. O tratamento biológico de águas residuais tem uma série de vantagens, incluindo uma elevada eficiência de remoção de matéria orgânica, baixa produção de lamas em excesso, funcionamento estável e produção de energia sob a forma de biogás (Liao et al., 2006; Ramos et al., 2014, Dereli et al., 2012).

As águas residuais provêm de duas fontes principais: águas residuais humanas e resíduos de processos da indústria transformadora. No Reino Unido, o volume total de águas residuais industriais é cerca de sete vezes superior ao das águas residuais domésticas. Se fossem descarregadas diretamente no ambiente sem tratamento, as águas receptoras ficariam poluídas e as doenças transmitidas pela água seriam generalizadas. No início do século XX, foi desenvolvido o método de tratamento biológico, que constitui atualmente a base do tratamento de águas residuais em todo o mundo. Este método consiste em encerrar bactérias naturais em concentrações muito mais elevadas em tanques. Estas bactérias, juntamente com certos protozoários e outros micróbios, são conhecidas como lamas activadas. O conceito de tratamento é muito simples. As bactérias eliminam as pequenas moléculas de carbono orgânico, "comendo-as". Como resultado, as bactérias crescem e as águas residuais são purificadas. As águas residuais purificadas podem então ser descarregadas no meio recetor, normalmente um rio ou o mar (Yu et al., 2013). O tratamento biológico é uma parte importante e integrante de qualquer estação de tratamento de águas residuais que trate águas residuais municipais ou industriais contendo contaminantes orgânicos solúveis ou uma mistura de ambos os tipos de águas residuais. A clara vantagem económica do tratamento biológico em relação a outros métodos de tratamento, como a oxidação química, a oxidação térmica, etc., em termos de custos de capital e de funcionamento, cimentou o seu lugar em qualquer estação integrada de tratamento de águas residuais. Neste capítulo, os diferentes tipos de tratamento biológico são brevemente discutidos

processos de transformação (Arun Mittal, 2011).

5.2 Processos de tratamento aeróbio e anaeróbio

Os processos de tratamento aeróbio ocorrem na presença de ar e envolvem microrganismos (também conhecidos como aeróbios) que utilizam o oxigénio molecular/livre para assimilar os contaminantes orgânicos, ou seja, transformá-los em dióxido de carbono, água e biomassa. Os processos de tratamento anaeróbio, por outro lado, ocorrem na ausência de ar (e, portanto, de oxigénio molecular/livre) por microrganismos (também conhecidos como anaeróbios) que não necessitam de ar (oxigénio molecular/livre) para assimilar as impurezas orgânicas. Os produtos finais da assimilação orgânica durante o tratamento anaeróbio são os gases metano e dióxido de carbono e a biomassa. As figuras 1 e 2 mostram os princípios simplificados dos dois processos (Arun Mittal, 2011).

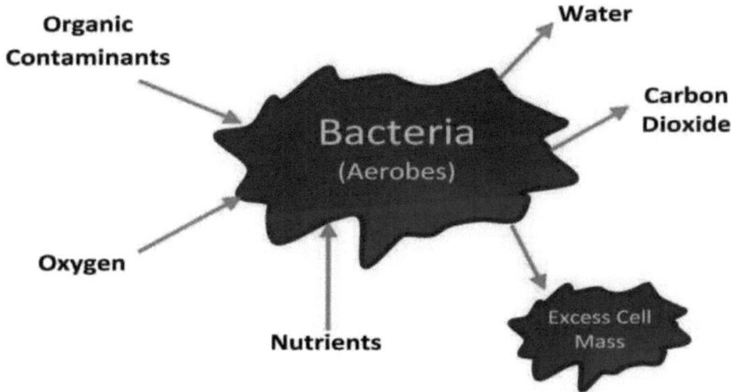

Figura 2: Princípio do tratamento aeróbio

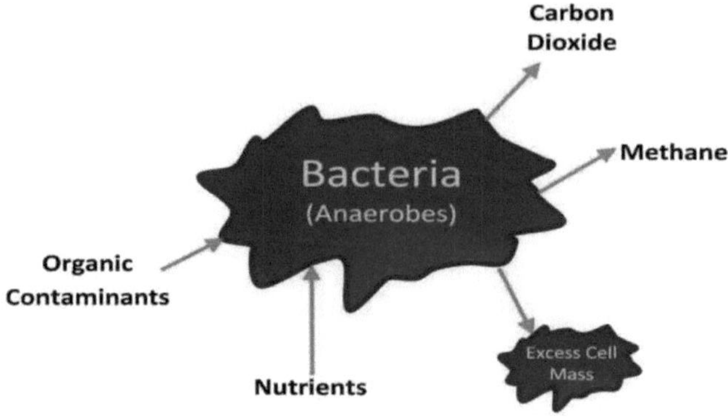

Figura 2: Princípio do tratamento anaeróbio

5.2.1 Tecnologias de tratamento biológico aeróbio

Um sistema de tratamento aeróbio ou ATS, muitas vezes referido (incorretamente) como sistema de tratamento aeróbio, é um pequeno sistema de tratamento de águas residuais que se assemelha a um sistema de fossa séptica, mas que utiliza um processo aeróbio para a digestão e não apenas o processo anaeróbio utilizado nos sistemas sépticos. Estes sistemas encontram-se frequentemente em zonas rurais onde não existe rede pública de esgotos e podem ser utilizados para uma única casa ou um pequeno grupo de casas (Boyle et al., 2014).

Ao contrário das estações de tratamento de águas residuais tradicionais, o sistema de tratamento aeróbico produz águas residuais secundárias de alta qualidade que podem ser esterilizadas e utilizadas para irrigação de superfície. Isto permite uma flexibilidade muito maior na localização do campo de infiltração e reduz a dimensão necessária do campo de infiltração até metade. (USEPA, 2002)

Para pequenos sistemas aeróbios, é geralmente utilizado um de dois conceitos: sistemas de película sólida ou sistemas aeróbios de crescimento suspenso de fluxo contínuo (CFSGAS). O pré-tratamento e o tratamento das águas residuais são semelhantes para ambos os tipos de sistemas, a diferença está na fase de arejamento. Os dois tipos mais comuns de sistemas aerados de águas residuais são os sistemas de lamas activadas e as bacias de estabilização aeradas (ASB). (US EFA, 2002)

5.2.2 Tipos de processos de lamas activadas

5.2.3.1 Processo de lamas activadas por convecção (CAS) :

Este é o processo de tratamento biológico mais difundido e mais antigo para as águas residuais municipais e industriais. Normalmente, após o tratamento inicial, ou seja, a remoção dos sólidos em suspensão, as águas residuais são tratadas num sistema de tratamento biológico baseado no processo de lamas activadas, que inclui um tanque de arejamento e um tanque de decantação secundário. O tanque de arejamento é um biorreactor de fluxo totalmente misturado ou (em alguns casos) de fluxo de tampão, no qual é mantida uma certa concentração de biomassa (medida como sólidos suspensos líquidos mistos (MLSS) ou sólidos suspensos voláteis líquidos mistos (MLVSS)) juntamente com uma concentração suficiente de oxigénio dissolvido (DO) (normalmente 2 mg/l), para causar a biodegradação de contaminantes orgânicos solúveis, medida pela carência bioquímica de oxigénio (CBO5) ou carência química de oxigénio (CQO) (Garcia e Pargament, 2015).

O fundo do tanque de arejamento está equipado com tubos de arejamento de bolhas finas para transferir o oxigénio necessário para a biomassa e assegurar a mistura completa do reator. É utilizada uma ventoinha Roots para fornecer ar aos tubos de arejamento. Nalgumas instalações mais antigas, foram utilizados arejadores mecânicos de superfície para satisfazer os requisitos de arejamento. O líquido misto arejado do tanque de arejamento flui por gravidade para a unidade de decantação secundária para separar a biomassa e enviar a água clarificada e tratada para o sistema de filtração a jusante para uma remoção mais fina dos sólidos em suspensão. A biomassa separada é devolvida ao tanque de aeração por meio de uma bomba de aeração de refluxo (RAS). O excesso de biomassa (produzido durante o processo de biodegradação) é transferido para a unidade de tratamento e desidratação de lamas (Arun Mittal, 2011).

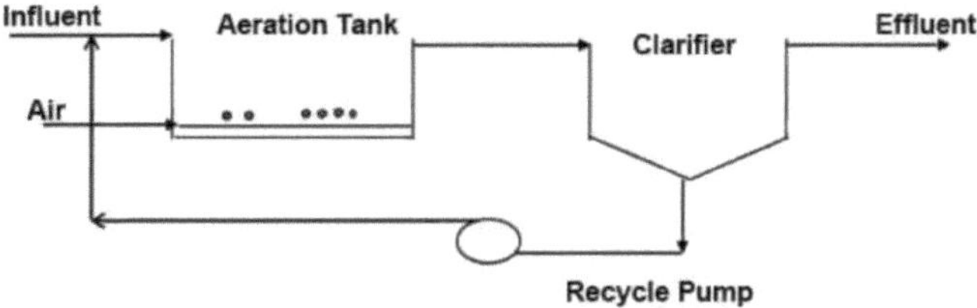

Figura 3: Sistema ASP convencional

5.2.2.2 Sistema de lamas activadas cíclicas (CASSTM) :

O Sistema de Lamas Activadas Cíclicas (CASSTM) é, como o nome sugere, um dos processos mais populares do Reator de Lotes de Sequenciação (SBR) utilizado para tratar águas residuais municipais e águas residuais de uma vasta gama de indústrias, incluindo refinarias e instalações petroquímicas. A Aquatech celebrou um acordo com a AECOM (anteriormente Earth Tech) no Reino Unido, que licenciou a tecnologia, para fornecer a tecnologia CASS™ na Índia numa base exclusiva para os mercados municipais e industriais. Esta tecnologia oferece várias vantagens operacionais e de desempenho em relação ao processo tradicional de lamas activadas. O processo CASS™-SBR executa todas as funções de uma instalação de lamas activadas convencional (remoção biológica de poluentes, separação sólido/líquido e descarga de águas residuais tratadas) utilizando um único tanque de volume variável em modo alternado, eliminando a necessidade de tanques de decantação secundários e capacidades elevadas de bombagem de arejamento de retorno (Arun Mittal, 2011).

O sistema de lamas activadas cíclicas (CASSTM) incorpora um elevado nível de maturidade de processo numa configuração que reduz o custo e a área de implantação, e oferece uma metodologia caracterizada pela simplicidade operacional, flexibilidade e fiabilidade não disponíveis em sistemas de lamas activadas de configuração convencional. A sua conceção única proporciona um meio eficaz de controlar a formação de lamas filamentosas, um problema comum nos processos convencionais e noutros sistemas de lamas activadas (Garcia e Pargament, 2015).

As principais caraterísticas da tecnologia SBR da CASSTM são as condições iniciais de reação de fluxo de tampão e a bacia do reator totalmente misturada. A bacia do reator está dividida em três zonas por deflectores (zona 1: seletor, zona 2: arejamento secundário, zona 3: arejamento principal). A biomassa de lamas é reciclada de forma intermitente da zona 3 para a zona 1, a fim de remover o substrato solúvel facilmente degradável e promover o crescimento de microrganismos floculantes. O sistema foi concebido de modo a que o retorno das lamas provoque uma circulação quase diária da biomassa na zona de arejamento principal através da zona de seleção. Não é necessário qualquer equipamento especial de mistura ou sequência formal de mistura anóxica para cumprir os objectivos de descarga de águas residuais. A configuração do tanque e o modo de funcionamento permitem mecanismos combinados de remoção de azoto e fósforo através de um simples controlo "one shot" do arejamento.

O CASSTM utiliza uma sequência simples e repetitiva baseada no tempo, que inclui os seguintes elementos:

- Enchimento - Arejamento (para reacções biológicas)
- Enchimento - decantação (para separar os sólidos dos líquidos)
- Decantação (para remover as águas residuais tratadas) (Arun Mittal, 2011).

5.2.2.3 Vantagens da CASSTM :

O CASSTM SBR maximiza o funcionamento: simplicidade, fiabilidade e flexibilidade. As razões importantes para escolher o CASSTM SBR em relação aos processos convencionais de aeração e purificação de volume constante incluem

- Funciona com carga reduzida contínua graças à regulação simples do ciclo.
- Funciona com seletividade Feed-Starve, funcionamento So/Xo (controlando a relação entre o substrato limitante e os microrganismos) e intensidade de arejamento para evitar a formação de lamas filamentosas, e proporciona respiração endógena (removendo todo o substrato disponível), nitrificação e desnitrificação, juntamente com uma melhor remoção biológica de fósforo.
- Nitrificação e desnitrificação simultâneas (ao mesmo tempo) variando a intensidade do arejamento.
- Resiste aos choques de carga provocados pelas variações de carga orgânica e hidráulica. O sistema pode ser facilmente configurado e adaptado às variações diárias a curto prazo e às variações sazonais a longo prazo.
- Remoção do tanque de decantação secundário.
- Não há necessidade de compensação de carga separada. A bacia CASSTM SBR é uma bacia de equilíbrio e uma bacia de depuração por direito próprio, com um caudal de sólidos muito inferior ao das bacias de depuração tradicionais.
- Capacidade inerente de eliminar nutrientes sem aditivos químicos, controlando a procura e o

fornecimento de oxigénio.

• medidas para otimizar a energia através de mecanismos de remoção de nutrientes. A CBO carbonácea na água de alimentação, utilizada para a desnitrificação e a remoção biológica melhorada do fósforo, reduz a necessidade total de oxigénio e, por conseguinte, a necessidade de energia.

• vantagens em termos de custos de capital e de funcionamento.

• Espaço mínimo no chão e requisitos de espaço reduzidos.

• Facilidade de expansão da fábrica graças à construção modular simples e às paredes partilhadas (Arun Mittal, 2011).

O CASSTM dispõe de uma zona selectora que oferece uma flexibilidade operacional impossível de obter noutras instalações de lamas activadas de volume variável ou constante. O seletor permite tomar uma medida simples e pouco dispendiosa para aumentar a dimensão da instalação de forma fiável, evitando a formação de lamas filamentosas. O seletor funciona eficazmente desde a entrada em funcionamento da instalação até à carga de projeto. Não há necessidade de ajustar o caudal de lamas de retorno. Ao instalar um seletor de alta eficiência de dimensão adequada a montante da mistura completa, os elementos do processo são combinados para assegurar um nível estável e relativamente uniforme de atividade metabólica das lamas na mistura completa. O funcionamento é, por conseguinte, insensível às variações do caudal e da concentração (Zhang e Balay, 2014).

As construções CASSTM SBR estão disponíveis no mercado desde a década de 1980. Significativamente, quando os processos de volume variável estavam a ser desenvolvidos, a tecnologia de selectores foi incorporada para permitir o aumento de escala para grandes módulos com múltiplos tanques de cerca de 50 MGD (200.000 m3/d) na década de 1990. Atualmente, é uma tecnologia bem estabelecida e comprovada para o tratamento de águas residuais municipais e industriais. A relação custo-eficácia das instalações, a sua compacidade e a facilidade de operação fornecem ao engenheiro consultor ou ao empreiteiro um argumento muito forte para espalhar os recursos disponíveis para o tratamento de águas residuais muito mais longe (Arun Mittal, 2011).

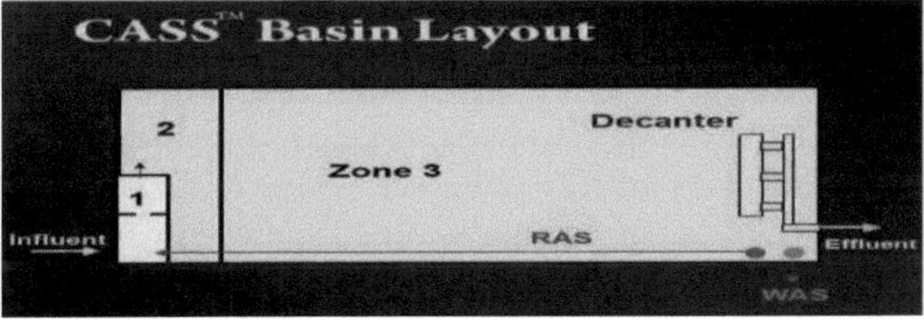

Figura 4: Disposição típica de bacias CASSTM SBR rectangulares

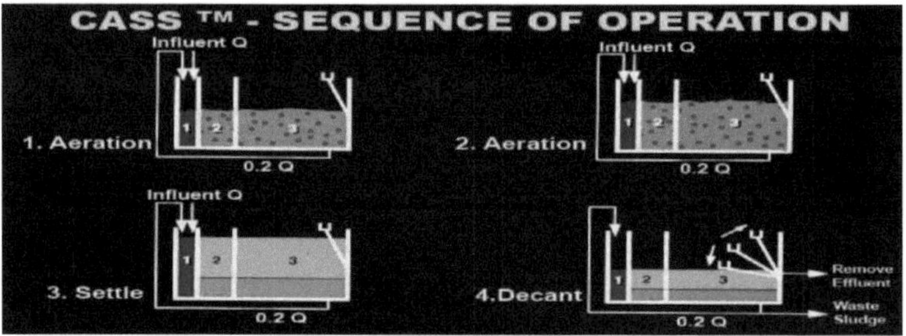

Figura 5: Sequência típica de trabalho retangular CASSTM SBR

5.2.2.4 Sistema integrado de lamas activadas por película sólida (IFAS) :

Existem várias instalações industriais onde é utilizado um tratamento biológico em duas fases com gotejadores de pedra ou de plástico (também conhecido como biotour de leito fluidizado), seguido de um tanque de arejamento e de um tanque de decantação secundário.

Outra modificação da configuração acima referida, utilizada em sistemas recentes de tratamento de águas residuais industriais, é o biorreactor de leito fluidificado (também conhecido como biorreactor de leito móvel (MBBR)) em vez da biotina, seguido de um processo de lamas activadas. Em algumas indústrias (por exemplo, refinarias e instalações petroquímicas), em que o sistema de tratamento de águas residuais existente era um processo convencional de lamas activadas de uma fase (baseado em tanques de arejamento e clarificadores), que sofreu um aumento de capacidade e/ou foi confrontado com requisitos de descarga mais rigorosos, o processo de lamas activadas foi melhorado através da adição de biomas de leito fluidizado para satisfazer esses requisitos. Este processo híbrido que combina leito fluidificado e lamas activadas, que se desenvolve num único tanque de arejamento, é conhecido como processo IFAS (Integrated Fixed Film Activated Sludge). As vantagens comuns a todas as configurações acima descritas são as seguintes

- Os meios de película sólida fornecem uma superfície adicional na qual os biofilmes podem crescer e degradar contaminantes orgânicos que são difíceis de biodegradar ou mesmo, até certo ponto, tóxicos.
- A eficiência global do sistema de biotratamento em duas fases é superior à do processo de lamas activadas isoladamente.
- Os processos de leito fixo são mais eficazes na nitrificação das águas residuais do que os processos de lamas activadas.
- A área total de superfície de um sistema baseado num processo de película sólida é menor do que a de um sistema de lamas activadas.
- Devido à redução dos resíduos de lamas, a estação de tratamento e desidratação de lamas é mais pequena do que o processo de lamas activadas.

Se compararmos o IFAS com outras configurações, ou seja, Bioturm seguido de lamas activadas ou MBBR seguido de lamas activadas, podemos destacar as seguintes vantagens do IFAS

- Pode ser facilmente integrado no sistema de lamas activadas existente para satisfazer a necessidade de capacidade de tratamento adicional e/ou requisitos de descarga mais rigorosos, sem necessidade de tanques de betão adicionais.
- A área de implantação do IFAS é mais pequena.

- Os custos de capital e de funcionamento são mais baixos no caso das IFAS (Arun Mittal, 2011).

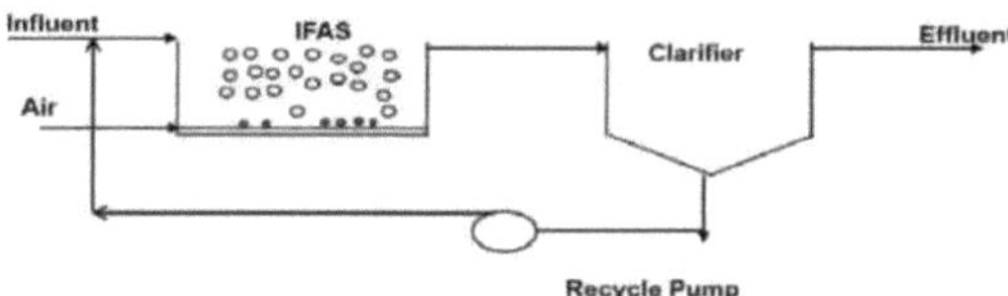

Figura 6: Sistema integrado fixo ativado por película (IFAS)

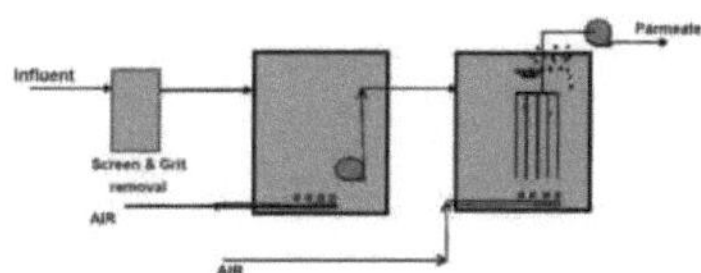

Figura 7: Sistema MBR submerso

5.2.3.5 Bioreactor de membrana (MBR) :

A tecnologia de membranas é um termo geral para uma série de diferentes processos de separação. Estes processos são semelhantes no facto de todos utilizarem membranas. A tecnologia de membranas tornou-se uma tecnologia de separação líder na última década (Ordo'nez et al., 2011; Purkait et al., 2009; Swamy et al., 2013; Zheng et al., 2010).

A principal vantagem da tecnologia de membranas é o facto de produzir água estável sem a adição de produtos químicos e de ter um consumo de energia relativamente baixo e um processo simples e direto (Yu et al., 2012). Os custos de capital e de funcionamento associados à aplicação da tecnologia de membranas diminuíram ao longo dos anos, tornando a sua aplicação em grande escala economicamente viável (Zheng et al., 2010, 2015). Por exemplo, a tecnologia de membranas que utiliza UF e RO para tratar águas residuais provenientes da produção de energia custaria cerca de 1.800 yuan (US$290) por m3/dia para uma estação de tratamento com uma capacidade de 10.000 m3/dia. Este custo é significativamente mais elevado do que o de outros métodos de tratamento tradicionais. O custo de funcionamento de uma estação de tratamento da mesma dimensão é de 0,9 yuan (0,15 dólares) por m3/dia. Quando a estação de tratamento atinge uma capacidade de 100.000 m3/dia, os custos de investimento para a aplicação da membrana caem para 1050 yuan (US$169) por m3/dia, o que é quase o mesmo que para outros métodos de tratamento convencionais.

A aplicação da tecnologia de membranas no tratamento de águas residuais industriais tem registado um forte crescimento, particularmente no tratamento de águas residuais das indústrias petroquímica, siderúrgica e de produção de energia (Chen, 2008; Chen et al., 2007, 2009; Wang et al., 2002, 2006; Zhang et al., 2007).

O bioreactor de membrana (MBR) é a mais recente tecnologia para a biodegradação de contaminantes orgânicos solúveis. A tecnologia MBR é amplamente utilizada para o tratamento de águas residuais domésticas, mas só tem sido utilizada de forma limitada ou selectiva para o tratamento de resíduos industriais. O processo MBR é muito semelhante ao processo tradicional de lamas activadas, na medida em que, em ambos os processos, os sólidos do líquido misturado são suspensos num tanque de arejamento. A diferença entre os dois processos reside na forma como os biossólidos são separados. No processo MBR, os biossólidos são separados por meio de uma membrana polimérica baseada numa unidade de microfiltração ou de ultrafiltração, contrariamente ao processo de decantação por gravidade no tanque de decantação secundário do processo tradicional de lamas activadas. As vantagens do sistema MBR em relação ao processo convencional de lamas activadas são, portanto, evidentes (ver abaixo):

- A filtração por membranas proporciona uma barreira positiva aos biossólidos em suspensão, de modo a que não possam escapar do sistema, ao contrário da sedimentação por gravidade no processo de lamas activadas, em que os biossólidos escapam continuamente do sistema juntamente com as águas residuais tratadas, e em que por vezes há uma perda total de sólidos devido a um mau funcionamento do processo, resultando na formação de lamas no clarificador. Como resultado, a concentração de biossólidos medida como MLSS/MLVSS num processo MBR (~ 10.000 mg/l) pode ser multiplicada por 3 ou 4 em comparação com um processo de lamas activadas (~ 2.500 mg/l).
- Devido ao aspeto acima descrito do MBR, a dimensão do tanque de arejamento no sistema MBR pode ser um terço a um quarto da dimensão do tanque de arejamento num sistema de lamas activadas. Além disso, em vez de um tanque de decantação por gravidade, é necessário um tanque muito mais compacto para alojar as cassetes de membrana, no caso de um sistema MBR submerso, e os módulos de membrana montados num suporte, no caso de um sistema MBR externo não submerso.
- Como resultado, o sistema MBR requer apenas 40-60% do espaço necessário para um sistema de lamas activadas, reduzindo significativamente a quantidade de trabalho em betão e o espaço total necessário.
- Devido à filtração por membranas (micro/ultrafiltração), a qualidade das águas residuais tratadas nos sistemas MBR é muito melhor do que a das lamas activadas convencionais, pelo que as águas residuais tratadas podem ser reutilizadas diretamente como make-up para torres de arrefecimento ou para a horticultura, etc.

Um MBR externo não submerso para aplicações industriais, incluindo refinarias e águas residuais petroquímicas, é o Biorreactor de Membrana Melhorada (Aqua-EMBR) da Aquatech. O Aqua-EMBR foi testado com sucesso para o tratamento de águas residuais de uma fábrica petroquímica no Médio Oriente. O filtrado do Aqua-EMBR foi tratado utilizando o processo HEROTM (High Efficiency Reverse Osmosis) para obter 90% de permeado de alta qualidade. A qualidade do permeado era adequada para ser reutilizado como alimentação do sistema de desmineralização. As vantagens do Aqua-EMBR em relação aos sistemas MBR submersos são

1. O sistema Aqua-EMBR (módulos de membrana) não possui um tanque de membrana,
2. Pode ser instalado muito mais rapidamente e com menos riscos para os empreiteiros: é instalado como um patim(s) numa laje de betão plana e não requer trabalhos de construção complexos.

3. Os trabalhos de construção e a montagem dos patins são actividades independentes e paralelas.
4. Redução dos riscos para os empreiteiros devido a atrasos nos trabalhos de construção causados por condições climatéricas, ambientais ou outros imponderáveis locais.
5. O sistema oferece um ambiente de trabalho fácil de utilizar, ao contrário do ambiente desconfortável dos sistemas subaquáticos.
6. Os operadores não vêem, cheiram ou entram em contacto com as lamas biológicas.
7. Os operadores não trabalham em tanques de membrana abertos, onde o ar pode conter aerossóis nocivos.
8. Em caso de manutenção, os módulos de membrana do Aqua-EMBR podem ser retirados ou substituídos sem entrar em contacto com as lamas biológicas, enquanto que os módulos de membrana submersos contaminados pelas lamas devem ser retirados dos tanques, o que implica um potencial contacto com as lamas.
9. O fluxo é 50% maior, o que significa que é necessária uma área de superfície de membrana 50% menor por unidade de volume de produção de permeado.
10. Os resultados são os seguintes: Custos de membrana mais baixos por unidade de volume de filtrado, reduzindo os custos de investimento e de funcionamento.
11. Pegada mínima (cerca de 20% mais pequena).
12. Redução dos custos de manutenção (produtos químicos, horas de trabalho, etc.).
13. O consumo de eletricidade é 10-15% inferior ao dos sistemas submersos, devido ao efeito da bomba de ar.
14. O Aqua-EMBR tem o tamanho de poro de membrana mais denso
15. A qualidade superior das águas residuais é um fator importante para a reutilização e para a regulamentação futura.

(Arun Mittal, 2011).

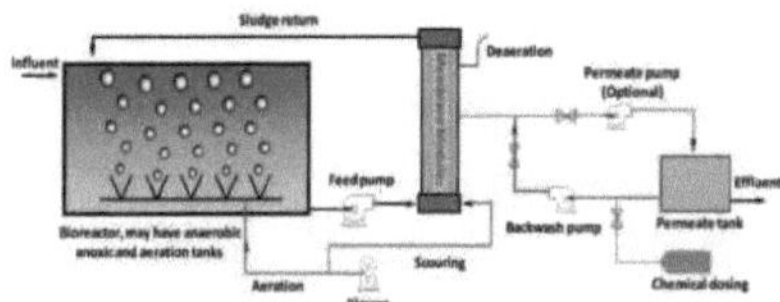

Figura 8: Sistema Aqua-EMBR

5.3 Tecnologias de tratamento biológico anaeróbio

A digestão anaeróbia é uma das tecnologias mais antigas para estabilizar as águas residuais e as lamas. [th]Tem sido utilizada desde o final do século XIX, principalmente para o tratamento de resíduos domésticos (água) em fossas sépticas, para o tratamento de lamas em digestores e para o tratamento de lamas de depuração em estações de tratamento municipais.

O tratamento anaeróbio de águas residuais apresenta uma série de vantagens, nomeadamente a elevada eficiência na remoção de matéria orgânica, a baixa produção de lamas em excesso, o funcionamento estável e a produção de energia sob a forma de biogás (Ramos et al., 2014).

5.3.1 Classificação dos tipos de tratamento anaeróbio

Os principais processos biológicos utilizados para o tratamento anaeróbio de águas residuais podem ser divididos em dois grandes grupos: processos com crescimento em suspensão e processos com crescimento aderente (ou biofilme). O funcionamento destes processos depende do desempenho dos microrganismos, das reacções específicas e da sua cinética de reação, da procura de nutrientes e de outros factores ambientais que influenciam o seu comportamento (Tchobanoglous, 2003).

5.3.2 Processo de tratamento de sólidos em suspensão

Nos sistemas de crescimento suspenso, as bactérias são suspensas no fermentador através de um tipo de agitação. Existem três tipos de processos anaeróbios de crescimento suspenso:

(1) A mistura completa em suspensão permite o desenvolvimento do fermentador anaeróbio,

(2) o método de contacto anaeróbio e

(3) O reator anaeróbio descontínuo. No reator anaeróbio de mistura completa, não é possível reciclar e concentrar a biomassa, pelo que o tempo de residência das lamas (SRT) é igual ao tempo de residência hidráulico (HRT).

Este tipo de processo é adequado para resíduos particulados, coloidais e solúveis, e mesmo os resíduos tóxicos podem ser tratados após diluição. A desvantagem deste método é o grande volume de digestor necessário para atingir o SRT exigido (Gerardi, 2003).

Nos processos anaeróbios de contacto, as lamas são separadas da água tratada e podem ser reintroduzidas no tanque, prolongando o TRS em relação ao TRH e reduzindo o volume do reator. Num reator aeróbio sequencial em descontínuo (ASBR), a reação e a separação sólido-líquido ocorrem no mesmo tanque; durante o funcionamento de um ASBR ocorrem quatro fases: carga, reação, decantação e extração do efluente por decantação (Tchobanoglous, 2003). A eficiência de separação de um ASBR

depende do desenvolvimento de uma lama granulada que se sedimenta bem.

5.3.3 Reactores para tratamento anaeróbio com crescimento

Os reactores para tratamento anaeróbio com crescimento podem ser divididos em dois grupos: com fluxo ascendente e fluxo descendente da água tratada. Os reactores anaeróbios de crescimento de fluxo ascendente distinguem-se pelo tipo de enchimento e pelo grau de expansão do leito. Os reactores de crescimento anaeróbio de fluxo descendente diferem apenas no material de enchimento utilizado, que pode ser plástico desordenado ou tubular.

Existem três tipos de fluxo ascendente associados aos processos de crescimento:

1. O reator de leito fluidizado de fluxo ascendente, no qual o material de enchimento é fixo e a água

residual flui entre os elementos de enchimento cobertos pelo biofilme. O material de enchimento pode ser rocha ou plástico sintético.

2. O reator anaeróbio de leito expandido (AEBR) utiliza areia de grão fino para promover o crescimento do biofilme. A reciclagem aumenta a velocidade do fluxo e o leito pode expandir-se até 20% do seu volume inicial.
3. O reator de leito fluidizado (FBR), no qual o material de enchimento é misturado de forma turbulenta. O FBR funciona a elevadas velocidades de fluxo ascendente de líquido de cerca de 20 m/h e oferece uma expansão do leito de cerca de 100 por cento (Tchobanoglous, 2003).

5.4 Tratamento de águas residuais industriais com microalgas - uma perspetiva geral

As microalgas podem ser definidas como microrganismos procarióticos ou eucarióticos fotossintéticos com clorofila a e um talo não diferenciado em raízes, caules e folhas e que, graças às suas estruturas unicelulares ou multicelulares simples, podem crescer mais rapidamente e viver em condições menos sensíveis (Lee 1989). As microalgas crescem geralmente em águas pouco profundas e estão também presentes em todos os tipos de superfícies terrestres ou solos. Algumas microalgas vivem em associação com uma multiplicidade de outros organismos (Richmond 2004). Lee (1989) foi o cientista que dividiu as algas em quatro grupos: o primeiro grupo é o das algas procarióticas, os outros três pertencem às algas eucarióticas e são classificados da seguinte forma

com base na avaliação do cloroplasto. Além disso, as microalgas podem ser autotróficas ou heterotróficas. Os autótrofos são organismos fotossintéticos que necessitam de compostos inorgânicos como o CO2, luz e outros sais para crescer, enquanto os organismos heterótrofos não fotossintéticos necessitam de uma fonte externa de compostos orgânicos e nutrientes para sobreviver. Algumas microalgas são mixotróficas e podem efetuar a fotossíntese com nutrientes orgânicos. As microalgas fotoautotróficas utilizam a luz como única fonte de energia para converter nutrientes em energia química através da fotossíntese (Braun e Braun 1974).

As microalgas podem ser cultivadas em sistemas de cultura abertos ou fechados (fotobiorreactores (PBRs)). Foram realizados estudos extensivos sobre o cultivo de microalgas em sistemas de lagoas abertas (Boussiba et al. 1988; Tredici e Materassi 1992; Hase et al. 2000; Jimenez et al. 2003; Borowitzka 2005; Handler et al. 2012; Ritchie e Larkum 2012). Em geral, um sistema de lagoas abertas pode ser dividido em sistemas de lagoas naturais, tais como lagos naturais, lagoas, lagoas e lagoas artificiais ou reservatórios. Os sistemas de tanques abertos são projectados para se assemelharem ao ambiente natural das microalgas. Embora a forma de um sistema de tanques abertos possa variar

Em termos geométricos, a profundidade habitual da água é de 15-20 cm. O sistema está normalmente equipado com rodas de pás no fundo para assegurar uma distribuição e circulação uniformes dos nutrientes para um crescimento eficaz das microalgas. Um sistema de tanque frequentemente utilizado para o cultivo de microalgas é o sistema de tanque Raceway, geralmente construído em betão. No entanto, também podem ser utilizados tanques de plástico branco revestidos com terra para o cultivo de microalgas (Pulz 2001). Concentrações de biomassa de cerca de 1000 mg l-1 e produtividade de 60-100 mg l-1 dia-1) podem ser alcançadas a uma profundidade de 15-20 cm (Brennan e Owende 2010). Os modelos de tanques redondos, elípticos e similares são muito difundidos na Ásia e na Ucrânia. A principal vantagem do sistema de tanque aberto é que é mais fácil de construir e operar do que sistemas fechados, mas tem as seguintes limitações

(1) Requer mais área de superfície

(2) condições climáticas que impedem as células de utilizar a luz óptima para o seu crescimento

(3) Baixa produtividade da biomassa devido à fraca transferência de material causada por um mecanismo de agitação ineficiente no sistema

(4) Difusão de CO_2 na atmosfera e, por conseguinte, redução do sequestro ou fixação de carbono.

(5) Perdas por evaporação

(6) O risco de contaminação é maior porque está aberto à atmosfera (Ugwu 2008).

Para ultrapassar os problemas dos sistemas de cultura abertos, foram desenvolvidos sistemas de cultura fechados, o que levou à introdução de fotobiorreactores de placa plana, tubos, colunas verticais e fotobiorreactores iluminados internamente (Ugwu et al. 2002). A aplicação da cultura em placa plana ao cultivo de microalgas foi proposta pela primeira vez por Milner (1953). Foi depois alargada à utilização de lâmpadas fluorescentes no reator (Samson e Leduy 1985), à utilização de um material espesso e transparente para a placa exterior (de Ortega e Roux 1986) e à construção de placas verticais de algas para reactores de placa plana (Tredici e Materassi 1992; Hu et al. 1996; Zhang et al. 2002; Hoekema et al. 2002). Em geral, os fotobiorreactores de placa plana são feitos de materiais transparentes que permitem a utilização máxima da energia solar. Richmond (2000) referiu que os fotobiorreactores de placa plana atingem uma elevada eficiência fotossintética porque permitem o máximo percurso da luz. A maioria dos bioreactores fechados tem tubos de tamanho, forma e comprimento variáveis e são feitos de vidro ou plástico,

geralmente conhecidos como biorreactores tubulares fechados (Travieso et al. 2001; Scragg et al. 2002). Além disso, podem ser horizontais, quase horizontais, verticais, cónicos ou inclinados (Molina et al. 2001; Tredici e Zittelli 1998; Pirt et al. 1983; Watanabe e Saiki 1997; Ugwu et al. 2002). Além disso, oferece uma maior superfície de luz e é adequada para o cultivo em campo aberto. Permite também uma produção de biomassa bastante boa, mas o enriquecimento em oxigénio dissolvido é comparativamente elevado, o que afecta negativamente a taxa de transferência de massa (Molina et al. 2001). Os fotobiorreactores verticais fechados são baratos, compactos e fáceis de utilizar, sendo recomendados para a cultura de algas em grande escala.

Alguns sistemas de cultura fechados podem ser iluminados internamente por lâmpadas fluorescentes, o que é geralmente conhecido como fotobiorreactores iluminados internamente. Neste tipo de sistema, o CO_2 ou o ar são introduzidos através de injectores ou impulsores, geralmente colocados no fundo do reator, para melhorar o movimento da cultura de algas. Foi referido que é possível obter uma produtividade óptima da biomassa com fotobiorreactores de coluna de bolhas ou airlift em comparação com fotobiorreactores tubulares estreitos (Miron et al. 2002). Este sistema pode ser modificado para utilizar tanto a iluminação solar como a artificial, de modo a que a fonte de luz artificial possa ser activada sempre que a irradiância desça abaixo de um determinado valor (Ogbonna et al. 1998). No entanto, o seu funcionamento requer meios técnicos e a intensidade da iluminação deve ser mantida constante através da combinação da iluminação solar e artificial.

A maior parte das indústrias produz águas residuais e descarrega-as no ambiente, embora a tendência recente seja para o desenvolvimento de técnicas de reutilização, reciclagem e recuperação das águas residuais produzidas no processo de produção (Descarga Zero de Líquidos/Nanofiltração (NF)/Osmose Inversa

(RO)). (Heijman et al. 2009). Dependendo do tipo de efluente industrial a ser tratado, as fases de tratamento podem ser divididas em tratamento primário, secundário e terciário ou mais avançado. Durante o tratamento primário, alguns dos sólidos em suspensão são geralmente separados das águas residuais, o que pode ser feito por crivagem e sedimentação. As águas residuais provenientes do tratamento primário contêm componentes orgânicos consideráveis, com um teor de CBO relativamente elevado, exigindo um tratamento posterior, geralmente por processos biológicos (Munter 2004). A produção de lamas das estações de tratamento de águas residuais convencionais é incontrolável, razão pela qual a biotransformação de poluentes por microalgas, a fitorremediação, é o melhor método para tratar eficazmente as águas residuais industriais (de la Noue et al. 1992). O biotratamento de águas residuais por microalgas é também um método atrativo devido ao seu potencial fotossintético, que transforma a energia solar em biomassa valiosa através da biotransformação de nutrientes, metais pesados e poluentes; um papel duplo para as microalgas (Rawat et al. 2011).

A industrialização está a gerar cada vez mais águas residuais, sobretudo na indústria dos lacticínios, na indústria do papel e da celulose, na avicultura e na destilação. As águas residuais destas indústrias são ricas em nutrientes e CO2, que são prejudiciais para os seres humanos e para o ambiente. O tratamento com algas é um método eficaz para tratar ou limpar as águas residuais industriais que contêm elevadas concentrações de azoto (N) e fósforo (P). Além disso, algumas espécies de algas podem assimilar poluentes de metais pesados e produtos químicos orgânicos tóxicos até certo ponto (Mallick 2002; Ahluwalia e Goyal 2007; de-Bashan e Bashan 2010; Olguin e Sanchez-Galvan 2012). A maioria das águas residuais industriais é rica em produtos químicos tóxicos e consideravelmente baixa em N e P, com exceção da indústria alimentar. Consequentemente, a taxa de crescimento das microalgas é mais baixa e o potencial de utilização das águas residuais para produzir mais biomassa de algas é menor. No entanto, um estudo recente de Chinnasamy et al (2010) sobre o tratamento de algas de águas residuais de fábricas de tapetes com uma baixa proporção de águas residuais municipais (5%) mostrou que as algas têm o potencial de remover produtos químicos de tratamento e pigmentos das águas residuais. Além disso, o cultivo de duas algas de água doce (B. braunii e Chlorella saccharophila) e de uma alga marinha (Pleurochrysiscarterae) produz uma quantidade considerável de biomassa.

Os processos de lamas activadas (ASP) e os sistemas de biofilme são utilizados principalmente para o tratamento biológico (terciário) no cenário atual das estações de tratamento de águas residuais. Estes processos consomem mais energia (ASP - 1,3-2,5 MWh por milhão de galões (MG) de águas residuais e sistemas de biofilme - 0,8-1,8 MWh por MG) do que os tanques de algas (0,4-1,4 MWh MG-1 d-1). Além disso, os tanques de algas de alto rendimento (HARP) com águas residuais limitadas em carbono requerem 4-8 dias de HRT em comparação com os tanques de algas convencionais (Lundquist et al. 2010). Atualmente, o HRAP enriquecido com CO2 é considerado um tratamento acelerado e melhorado em que a biomassa combustível proporciona poupanças de gases com efeito de estufa (Woertz et al. 2009). O tratamento integrado reduz os custos e as poupanças de energia (15 kWh por galão de óleo produzido) também foram alcançadas. Os resíduos do sistema podem ser utilizados como biofertilizante (Lundquist et al. 2010). Além disso, apesar de a produção de óleo a partir de microalgas ser dispendiosa (mesmo tendo em conta um sistema de cultivo de baixo custo, a elevada produtividade do cultivo de algas, a colheita e extração de baixo custo e o elevado teor de óleo), o tratamento de algas é eficaz para o tratamento de águas residuais se forem tidas em conta outras possibilidades, como a coprodução de biogás, ração animal e biofertilizante (Salerno et al. 2009; Zhang et al, 2016; Umamaheswari e Shanthakumar, 2016).

Conclusão

A tecnologia de tratamento biológico de águas residuais tem atraído recentemente a atenção como uma possível resposta à necessidade crescente de reutilização da água e também como um meio de controlar a poluição nas tendências actuais. A conclusão é que a tecnologia de tratamento biológico de águas residuais é muito importante, especialmente tendo em conta a atual situação ambiental, para a criação de um ambiente sustentável e de fácil utilização. Embora a sua implementação apresente alguns desafios, uma vez que requer certas políticas e leis para orientar a sua implementação, a tecnologia de tratamento biológico pode ajudar a preservar a água para as gerações futuras.

Referências

Ahluwalia SS, Goyal D (2007) Microbial and plant biomass for heavy metal removal from wastewater. Bioresour Technol 98:2243-2257

Allard AS, Neilson AH (1997) Bioremediation of Organic Waste Sites: A Critical Review of Microbiological Aspects. *IntBiodeter Biodegr* 39: 253-285.

Arun Mittal (2011): Biological Wastewater Treatment, Water Today l agosto - 2011. Fulltide.

Borowitzka MA (2005) Microalgae culture in open-air ponds. In: Andersen RA (ed) Algae culture techniques. Elsevier Academic Press, Burlington, MA, p. 205-218

Boussiba S, Sandbank E, Shelef G, Cohen Z, Vonshak A, Ben Amotz A, Arad S, Richmond A (1988) Cultura ao ar livre da microalga marinha Isochrysisgalbana em reactores abertos. Aquaculture 72:247-253

Brennan L, Owende P (2010) Biofuels from microalgae-a review of technologies for production, processing and extractions of biofuels and co-products. Renew Sustain Energy Rev 14(2):805-821

Braun GZ, Braun BZ (1974) Light absorption, emission and photosynthesis. In: Stewert WDP (ed) Algal physiology and biochemistry. Blackwell Scientific Publications, Oxford

Boyle-Gotla, P.D. Jensen, S.D. Yap, M. Pidou, Y. Wang, D.J. Batstone, Modelação dinâmica multidimensional da sujidade do biorreactor de membrana submersa, J. Membr. Sci. 467 (2014) 153-161.

Chinnasamy S, Bhatnagar A, Hunt RW, Das KC (2010) Cultura de microalgas em águas residuais dominadas por efluentes de fábricas de papel para aplicações de biocombustíveis. Bioresour Technol 101(9):3097-3105

Chen, D., 2008. Aplicação da tecnologia de separação por membranas na indústria de química fina. Conservação de energia. Reciclagem. Química fina. Chem. 11, 14-17.

Chen, G., Xu, P., Shi, Y., 2007. Casos de aplicação e engenharia de separação por membranas. Academic Press.

Chen, P., Zheng, J., Zhou, Y., 2009. O presente e o futuro da indústria de membranas na China. Environ. Prot. 8, 71-74.

R.K. Dereli, M.E. Ersahin, H. Ozgun, I. Ozturk, D. Jeison, F. van der Zee, J.B. van Lier, Potentials of anaerobic membrane bioreactors to overcome treat ment limitations induced by industrial wastewaters, Bioresour. Technol. 122 (2012) 160-170.

de la Noue J, Laliberte G, Proulz D (1992) Algues et eaux usées. J Appl Phycol 4:247-254

de Ortega AR, Roux JC (1986) Chlorella biomass production in different types of shallow bioreactors in temperate zones.Biomasse 10(2):141-156

de-Bashan LE, Bashan Y (2010) Immobilized microalgae for pollutant removal: Visão geral dos aspectos práticos. Bioresour Technol 101:1611-1627

Dvor'a'k, L., T. Lederer, V. Jirku°, J. Masa'k, L. Nova'k (2014) Removal of aniline, cyanides and diphenylguanidine from industrial wastewater using a full-scale moving bed biofilm reator, Process Biochem. 49 (2014) 102-109.

Garcia, X., Pargament, D., 2015. Reutilização de águas residuais para fazer face à escassez de água: considerações económicas, sociais e ambientais para a tomada de decisões. Resour. Conserv. Recycl. 101, 154-166.

Gerardi M., (2003):The microbiology of anaerobic digestion. Uma publicação de John Wiley & Sons, Inc. em Nova Jersey, EUA.

Handler RM, Canter CE, Kalnes TN, Lupton FS, Kholiqov O, Shonnard DR, Blowers P (2012)

Avaliação do impacto ambiental da cultura de microalgas em tanques de retenção ao ar livre: análise da literatura existente e estudo da grande variabilidade dos impactos previstos. Algal Res 1(1):83-92

Hase R, Oikawa H, Sasao C, Morita M, Watanabe Y (2000) Produção fotossintética de biomassa de microalgas num sistema de pista de corridas em condições de estufa na cidade de Sendai. J Biosci Bioeng 89:157-163

Heijman SGJ, Guo H, Li S, van Dijk JC, Wessels LP (2009) Zero liquid discharge : heading for 99% recovery in nanofiltration and reverse osmosis. Dessalinização 236(1-3): 357-362

Hoekema S, Bijmans M, Janssen M, Tramper J, Wijffels RH (2002) Um fotobiorreactor de painel plano agitado pneumaticamente com recirculação de gás: cultura fotoheterotrófica anaeróbia de uma bactéria púrpura não sulfídrica. Int J Hydro Energy 27:1331-1338

Hu Q, Guterman H, Richmond A (1996) A modular low-tilt photobioreactor for outdoor mass cultivation of phototrophs. Biotechnol Bioeng 51:51-60

Jimenez C, Cossi' BR, Niell FX (2003) Relação entre variáveis físico-químicas e produtividade em lagos abertos para a produção de spirulina: um modelo para prever a produção de algas. Aquacultura 221(1):331-345

Kumar A, Bisht BS, Joshi VD, et al. (2011) Revisão sobre a biorremediação de ambientes poluídos - uma ferramenta de gestão. *Int J Environ Sci* 1: 1079-1093.

Lundquist TJ, Woertz IC, Quinn NWT, Benemann JR (2010). Um relatório sobre "A Realistic Technology and Engineering Assessment", apresentado ao Energy Biosciences Institute, Universidade da Califórnia, Berkeley, Califórnia.

B.-Q. Liao, J.T. Kraemer, D.M. Bagley, Anaerobic membrane bioreactors: Applications and research diretions, Crit. Rev. Environ. Sci. Technol. 36 (2006) 489-530.

Lee RE (ed) (1989) Phycology, 2nd edn. Cambridge University Press, Cambridge

Lin, H., W. Peng, M. Zhang, J. Chen, H. Hong, Y. Zhang (2013) A review on anaerobic membrane bioreactors: Applications, membrane fouling and future perspectives, Desalination 314 169-188.

Mallick N (2002) Biotechnological potential of immobilised algae for the removal of N, P and metals from wastewater: an overview. Biometais 15:377-390

Miron AS, GarciaMC, Camacho FG, Grima EM, Chisti Y (2002) Crescimento e caraterização da biomassa microalgal produzida em fotobiorreactores de coluna de bolhas e de ar: estudos de cultura em lote alimentado. Enzyme Microb Technol 31(7):1015-1023

Milner HW (1953) Tilt tray. In: Burlew JS (ed) Algal culture from laboratory to pilot plant. Carnegie Institution, Washington

Molina E, Fernandez J, Acien FG, Chisti Y (2001) Design of tubular photobioreactors for algal cultures. J Biotechnol 92:113-131

Nicolella C, van Loosdrecht MCM, Heijnen JJ (2000) Tratamento de águas residuais com reactores de biofilme de partículas. *JBiotechnol* 80: 1-33.

Ogbonna JC, Soejima T, Tanaka H (1998) Development of efficient large-scale photobioreactors. In: Zaborosky OR (ed) Biohydrogen. Plenum Press, Nova Iorque, p. 329-343

Olguin EJ, Sanchez-Galvan G (2012) Remoção de metais pesados em fitofiltração e fitorremediação: a necessidade de diferenciar bioadsorção e bioacumulação. Nova Biotecnologia 30(1):3-8

Ozgun, H., R.K. Dereli, M.E. Ersahin, C. Kinaci, H. Spanjers, J.B. van Lier (2013) A review of anaerobic membrane bioreactors for municipal wastewater treatment: Integration options, limitations and expectations, Sep. Purif. Technol. 118 89-104.

Ordo'nez, R., Hermosilla, D., Pio, I.S., Blanco, A., 2011. Avaliação de MF e UF como pré-tratamento antes da osmose inversa para recuperação de águas residuais municipais para substituição de água doce numa fábrica de papel: uma experiência prática. Chem. Eng. J. 166 (1), 88-98.

Pirt SJ, Lee YK, Walach MR, Pirt MW, Balyuzi HHM, Bazin MJ (1983) A tubular photobioreactor for photosynthetic biomass production from carbon dioxide: design and performance. J Chem Tech Biotechnol 33B:35-38

Pulz O (2001) Photobioreactors: sistemas de produção para microrganismos fototróficos. Appl Microbiol Biotechnol 57:287-293

Purkait, M.K., Kumar, V.D., Maity, D., 2009. Tratamento de águas residuais de fábricas de couro por NF seguido de osmose inversa e previsão do fluxo de permeado com rede neural artificial. Chem. Eng. J. 151, 275-285.

Rawat I, Ranjith Kumar R, Mutanda T, Bux F (2011) Dual role of microalgae: phycoremediation of domestic wastewater and biomass production for sustainable biofuel production. Appl Energy 88:3411-3424

C. Ramos, A. Garci'a, V. Diez, Desempenho de uma planta piloto AnMBR tratando resíduos lipídicos de alta resistência: Processos biológicos e de filtração, Water Res. 67 (2014) 203-215.

Richmond A (2000) Microalgal biotechnology at the turn of the millennium: a personal perspective. J Appl Phycol 12:441-451

Richmond A (2004) Handbook of microalgae culture: biotechnology and applied phycology. Blackwell Science Ltd, Hoboken

Ritchie RJ, Larkum AWD (2012) Modelação da fotossíntese em tanques de produção de algas pouco profundos. Photosynthetica 50:481-500

Samson R, Leduy A (1985) Continuous multistage culture of the blue-green alga Spirulina maxima in flat-tank photobioreactors. Can J Chem Eng 63:105-112

Salerno M, Nurdogan Y, Lundquist TJ (2009) Biogas production from algae biomass harvested from sewage lagoons. Sociedade Americana de Engenheiros Agrícolas e Biológicos, Lincoln

Scragg AH, Illman AM, CardenA Shales SW (2002) Growth of microalgae with increased calorific value in a tubular bioreactor. BiomassBioenerg 23(1):67-73

Swamy, B.V., Madhumala, M., Prakasham, R.S., Sridhar, S., 2013. Nanofiltração de águas residuais farmacêuticas usando membrana de poliamida funcionalizada especialmente desenvolvida. Chem. Eng. J. 233, 193-200.

Tchobanoglous G., F.Burton e H.Stensel, (2003):Wastewater engineering. Treatment and reuse. [th]Metcalf & Eddy, 4 edição, EUA.

Travieso L, Hall DO, Rao KK, Benitez F, Sa'nchez E, Borja R (2001) Um fotobiorreactor tubular helicoidal que produz espirulina em modo semicontínuo. Int Biodeter Biodegr 47(3):151-155

Tredici MR, Materassi P (1992) From open basins to vertical honeycomb panels: Italian experience in the development of reactors for the mass culture of photoautotrophic microorganisms. J Appl Phycol 4:221-231

Tredici MR, Zittelli CG (1998) Eficiência da utilização da luz solar: fotobiorreactores tubulares e planos. Biotechnol Bioeng 57:187-197

Ugwu CU (2008) Photobioreactors for mass culture of algae (Fotobiorreactores para cultura em massa de algas). Bioresour Technol 99:40214028

Ugwu CU, Ogbonna JC, Tanaka H (2002) Melhoria das propriedades de transporte de materiais e da produtividade dos fotobiorreactores tubulares inclinados através da instalação de sistemas estáticos internos.

Misturadores . Appl Microbiol Biotechnol 58:600-607

Umamaheswari J., Shanthakumar, S (2016) Eficiência das microalgas no tratamento de águas residuais industriais: uma revisão das condições de funcionamento, da eficiência do tratamento e da produtividade da biomassa Rev Environ Sci Biotechnol (2016) 15:265-284

Watanabe Y, Saiki H (1997) Desenvolvimento de um fotobiorreactor com Chlorella sp. para remover CO2 de gases de escape. Energy Convers Manage 38:499-503

Woertz I, Fulton L, Lundquist T (2009) Remoção de nutrientes e redução de gases com efeito de estufa com tanques de algas enriquecidos com CO2 de alto rendimento. Proc Water Environ Fed 2009(10):5469-5481

Wang, B., Wen, X., Chen, C., 2002. Revisão da aplicação da tecnologia de separação por membranas na indústria química do petróleo. Chem. Ind. Eng. Prog. 12, 880-84.

Wang, B., Lv, H., Yang, Y., 2006. Aplicação da tecnologia de separação por membranas na indústria petroquímica. Petrochem. Technol. 8, 705-710.

L. Yu, Y. Zhang, B. Zhang, J. Liu, H. Zhang, C. Song, Preparação e caraterização da membrana de ultrafiltração HPEI- GO/PES com propriedades anti-incrustantes e antibacterianas, J. Membr. Sci. 447 (2013) 452-462.

Zhang, Z., Balay, J.W., 2014. How much is too much: challenges for water abstraction and consumption management. J. Water Resour. Plan. Manag. 140 (6), 01814001.

X. Zhang, Z. Wang, Z. Wu, F. Lu, J. Tong, L. Zang, Formação de membrana dinâmica em biorreactor de membrana anaeróbia para tratamento de águas residuais municipais, Chem. Eng. J. 165 (2010) 175-183.

Zhang, S., Mao, Y.-H., Chen, M.-M., Fan, G.-H., 2007. Aplicação da tecnologia RO para tratamento e reutilização de águas residuais numa siderurgia. Water Treatment Technol. 33 (5), 55-57.

Zhang, R., Zhou, Y., Li, Y., 2009. Aplicação de tratamento avançado por membrana para águas residuais recicladas na indústria siderúrgica. Metal. Power 05, 67-70.

X. Zhang, X. Yue, Z. Liu, Q. Li, X. Hua, Impactos do tempo de retenção de lodo nas caraterísticas do lodo e incrustação de membrana em um biorreator de membrana anaeróbio-tóxico submerso, Appl. Microbiol. Biotechnol. 99 (2015) 4893-4903.

Zhang K, Kurano N, Miyachi S (2002) Otimização do arejamento com dióxido de carbono para a produção de microalgas e caraterização da transferência de massa num fotobiorreactor vertical de placa plana. Bioprocess Biosyst Bioeng 25:97-101

Zhang TY, Hu HY, Wu YH, Zhuang LL, Xu XQ, Wang XX, Dao GH (2016) Promising solutions to solve the bottlenecks in the large-scale cultivation of microalgae for biomass/ bioenergy production. Renew Sustain Energy Rev 60:1602-1614 284 Rev Environment

Capítulo 6

O papel da tecnologia verde no tratamento das águas residuais das refinarias

[1]Isiyaku M. e Ugya A.Y[2]

[1]Departamento de Bioquímica, Universidade Estatal de Kaduna, Kaduna, Nigéria.
[2]Departamento de Ciências da Vida, Universidade Bayero de Kano, Kano, Nigéria.

Resumo

As águas residuais das refinarias de petróleo são caracterizadas por grandes quantidades de produtos petrolíferos, hidrocarbonetos policíclicos e aromáticos, fenóis, derivados de metais, tensioactivos, sulfuretos, ácidos naftílicos e outros produtos químicos. A insuficiência dos sistemas de tratamento das águas residuais faz com que os poluentes acabem por chegar às águas e aos solos próximos, com consequências potencialmente graves para o ecossistema. Vários investigadores demonstraram que as águas residuais das refinarias são resíduos perigosos, tal como estipulado na Lei de Proteção Ambiental e nos Regulamentos de Gestão de Resíduos Perigosos. Devido à sua toxicidade, estas águas residuais não devem ser descarregadas nos cursos de água, a não ser que sejam totalmente remediadas. Têm sido utilizadas muitas tecnologias para tratar eficazmente as águas residuais antes de serem descarregadas, mas o objetivo ainda não foi alcançado. Este capítulo analisa o papel das tecnologias verdes no tratamento efetivo das águas residuais das refinarias.

Palavras chave: refinaria, águas residuais, descargas, tratamento, tecnologia verde

6.0 Introdução

As águas residuais de refinarias de petróleo (ORW) são resíduos produzidos por indústrias cuja atividade principal é a refinação de petróleo bruto e a produção de combustíveis, lubrificantes e produtos petroquímicos intermédios (Harry, 1995). Estas águas residuais são uma fonte importante de poluição do ambiente aquático (Wake, 2005). Estas águas residuais são compostas por óleos e massas lubrificantes e muitos outros compostos orgânicos tóxicos. Embora tenham sido feitos esforços concertados para substituir os combustíveis fósseis, o petróleo bruto continua a ser uma matéria-prima importante.

A necessidade de satisfazer a crescente procura mundial de energia, que deverá crescer 44% nas próximas duas décadas (Doggett e Rascoe, 2009), faz com que o processamento de petróleo bruto e a produção de PEL sejam desafios globais importantes.

A refinação de petróleo bruto consome grandes quantidades de água. Como resultado, são produzidas quantidades consideráveis de águas residuais (Coelho et al., 2006). Coelho et al (2006) relataram que a quantidade de PRA gerada durante o processamento é 0,4 a 1,6 vezes a quantidade de petróleo bruto processado. Com base no rendimento atual de 84 milhões de barris por dia (mbpd) de petróleo bruto, o total de águas residuais geradas a nível mundial é, portanto, de 33,6 mbpd (Doggett e Rascoe, 2009). Prevê-se que a procura global de petróleo atinja 107 mbpd nas próximas duas décadas e que o petróleo represente

32% do abastecimento energético mundial até 2030. Prevê-se que os biocombustíveis, incluindo o etanol e o biodiesel, representem 5,9 mbpd até 2030, e a contribuição das fontes de energia renováveis, como a energia eólica e solar, está estimada em 4-15% (Doggett e Rascoe, 2009; Marcilly, 2003). Estes dados mostram claramente que as águas residuais da indústria petrolífera são produzidas continuamente e descarregadas nos principais rios do mundo.

Estes poluentes representam um risco tóxico grave para o ambiente. Os PRC podem variar consideravelmente em função do tipo de óleo processado, da configuração das instalações e dos procedimentos operacionais (Saien e Nejati, 2007). Estes poluentes chegam aos cursos de água e afectam a sua qualidade.

Os métodos de pré-tratamento incluem a coagulação (Demirci et al., 1997; El-Naas et al., 2009b), a adsorção (El-Naas et al., 2009a; Serafim, 1979), a oxidação química (Abdelwahab et al., 2009) e os processos biológicos (Jou e Huang, 2003; Rahman e Al-Malack, 2006; Ma et al., 2009). Foram também comunicadas novas tecnologias, como as membranas (Li et al., 2006a; Rahman e Al-Malack, 2006) e a oxidação catalítica húmida assistida por micro-ondas (Sun et al., 2008). Em geral, estes métodos transferem os poluentes de um meio para outro, exigindo uma etapa adicional para remover os compostos orgânicos. Caracterizam-se também por baixos rendimentos e taxas de reação, bem como pela formação de lamas, e só podem ser utilizados numa gama de pH estreita (Laoufi et al., 2008; Kuyukina et al., 2009). A oxidação química é outra técnica atractiva. No entanto, as taxas de reação muito baixas (Huang e Shu, 1995) e a grande quantidade de agentes oxidantes necessários para tratar grandes quantidades de resíduos (típicos das águas residuais industriais) limitam a sua utilização (Guo e Al-Dahhan, 2005). Os processos de oxidação avançados (POA), que se caracterizam pela produção de um radical hidroxilo (*OH), podem potencialmente destruir uma vasta gama de moléculas orgânicas. O *OH tem um elevado potencial de oxidação (estimado em +2,8 V) em comparação com outros oxidantes. Para o ozono, H_2O_2, HOCl e cloro, os potenciais de oxidação são 2,07, 1,78, 1,49 e 1,36, respetivamente (Al-Rasheed, 2005).

Mesmo a degradação fotocatalítica heterogénea utilizada por Diya'uddeen et al. (2011) foi considerada uma tecnologia de tratamento menos eficaz (Roshanak et al., 2014). Este capítulo mostra o papel da tecnologia verde no tratamento de águas residuais de refinarias.

6.1 Processos de refinação de petróleo

As refinarias de petróleo são os processos químicos e técnicos e outros equipamentos utilizados nas refinarias de petróleo (também conhecidas como refinarias de petróleo) para converter o petróleo bruto em produtos úteis, como o gás de petróleo liquefeito (GPL), a gasolina, a parafina, os combustíveis para aviação, o gasóleo e os fuelóleos. As refinarias de petróleo são complexos industriais de grandes dimensões que incluem muitas unidades de processamento diferentes e instalações auxiliares, tais como unidades de abastecimento e tanques de armazenamento. Cada refinaria tem a sua própria configuração e combinação de processos de refinação, que são largamente determinados pela localização da refinaria, pelos produtos desejados e por considerações económicas. Algumas refinarias de petróleo modernas processam até 800.000 a 900.000 barris (127.000 a 143.000 metros cúbicos) de petróleo bruto por dia (Gary e Handwerk, 1984; Lefler, 1985; James, 2006).

6.3 Unidades de processamento utilizadas nas refinarias

Unidade de destilação de petróleo bruto: destila o petróleo bruto recebido em diferentes fracções para posterior processamento noutras unidades.

Unidade de destilação sob vácuo: continua a destilar o óleo residual do fundo da unidade de destilação de petróleo bruto. A destilação por vácuo é efectuada a uma pressão muito inferior à pressão atmosférica.

Hidrotratamento da nafta: utiliza hidrogénio para dessulfurar a fração de nafta proveniente da destilação do petróleo bruto ou de outras unidades da refinaria.

Unidade de reforma catalítica: converte as moléculas de nafta dessulfurada em moléculas com um teor de octano mais elevado para produzir reformado, que é um componente do produto final, a gasolina.

Unidade de alquilação: converte o isobutano e o butileno em alquilato, que é um componente de muito alta octanagem do produto final, a gasolina.

Unidade de isomerização: converte moléculas lineares, como o pentano normal, em moléculas ramificadas com um índice de octano mais elevado, que são misturadas no produto final, a gasolina. Também é utilizada para converter butano linear normal em isobutano para utilização na unidade de alquilação.

Hidrotratamento de destilados: utiliza hidrogénio para dessulfurar algumas das outras fracções de destilados da unidade de destilação de petróleo bruto (por exemplo, gasóleo).

Merox (oxidador de mercaptanos) ou aparelhos semelhantes: dessulfuração do GPL, da parafina ou do combustível para motores de reação por oxidação dos mercaptanos indesejáveis em dissulfuretos orgânicos.

Unidade de tratamento de amino gás, unidade Claus e gás final: tratamento para transformar o gás de sulfureto de hidrogénio dos hidrotratores em enxofre elementar, o produto final. A maior parte das 64 000 000 toneladas de enxofre produzidas a nível mundial em 2005 foi enxofre produzido como subproduto em refinarias de petróleo e instalações de processamento de gás natural.

Unidade de cracking catalítico fluido (FCC): valoriza as fracções mais pesadas e com maior ponto de ebulição resultantes da destilação do petróleo bruto, transformando-as em produtos mais leves e com menor ponto de ebulição, de maior valor.

Unidade de hidrocraqueamento: utiliza hidrogénio para transformar as fracções mais pesadas das unidades de destilação de petróleo bruto e de destilação de vácuo em produtos mais leves e mais valiosos.

Unidade de quebra de viscosidade: recupera óleos residuais pesados da unidade de destilação de vácuo por craqueamento térmico em produtos mais leves, de maior valor e de menor viscosidade.

Coque retardado e coque líquido: transformam óleos residuais muito pesados em coque de petróleo, o produto final, bem como em subprodutos de nafta e gasóleo.

6.4 Equipamentos auxiliares necessários nas refinarias

Unidade de reforma a vapor: converte o gás natural em hidrogénio para os hidrotratores e/ou o hidrocracker.

Unidade de decapagem com água ácida: utiliza vapor para remover o gás sulfídrico de vários fluxos de águas residuais para posterior conversão em enxofre, o produto final, na fábrica de Claus (Beychok, 1967).

unidades de fornecimento de energia, tais como torres de arrefecimento para fornecer água de arrefecimento circulante, geradores de vapor, sistemas de ar de instrumentação para válvulas de controlo operadas pneumaticamente e uma subestação eléctrica.

Sistemas de recolha e tratamento de águas residuais que consistem em separadores API, instalações de flotação por ar dissolvido (DAF) e alguma forma de tratamento adicional (por exemplo, bioreactor de lamas activadas) para tornar as águas residuais adequadas para reutilização ou eliminação (Beychok, 1967).

Depósitos de gás de petróleo liquefeito (GPL) nos quais o propano e outros combustíveis gasosos semelhantes são armazenados a uma pressão suficiente para os manter no estado líquido. São geralmente tanques esféricos ou esferas (tanques horizontais com extremidades arredondadas).

Tanques de armazenamento de petróleo bruto e produtos acabados, geralmente verticais, cilíndricos, com alguma forma de controlo da emissão de vapores, rodeados por uma berma de terra para impedir fugas de líquidos.

6.5 Unidade de destilação de petróleo bruto

A unidade de destilação de petróleo bruto (CDU) é a primeira unidade de tratamento em praticamente todas as refinarias de petróleo. Na CDU, o petróleo bruto que entra é destilado em diferentes fracções com diferentes gamas de ebulição, que são depois processadas nas outras unidades de tratamento da refinaria. A CDU é frequentemente referida como uma unidade de destilação atmosférica, uma vez que funciona a uma pressão ligeiramente superior à atmosférica (Kister, 1992).

Segue-se um diagrama esquemático de uma instalação típica de destilação de petróleo bruto. O petróleo bruto que entra é pré-aquecido por troca de calor com algumas das fracções de destilados quentes e outras correntes. Em seguida, é dessalinizado para remover os sais inorgânicos (principalmente cloreto de sódio).

Depois do dessalinizador, o petróleo bruto é ainda aquecido por troca de calor com algumas das fracções de destilados quentes e outras correntes. Em seguida, é aquecido a uma temperatura de cerca de 398°C num aquecedor e encaminhado para o fundo da unidade de destilação.

O arrefecimento e a condensação do topo da torre de destilação são conseguidos, em parte, por troca de calor com o petróleo bruto que entra e, em parte, por um condensador arrefecido a ar ou a água. O calor adicional é extraído da coluna de destilação por um sistema de bombagem, como mostra o diagrama abaixo.

Como mostra o diagrama, a fração de destilado no topo da coluna de destilação é a nafta. As fracções retiradas dos lados da coluna de destilação, em vários pontos entre o topo e o fundo da coluna, são designadas por sidecuts. Cada uma das fracções laterais (ou seja, parafina, gasóleo leve e gasóleo pesado) é arrefecida por troca de calor com o petróleo bruto que entra. Todas as fracções (i.e. nafta de cabeça, sidecuts e resíduos de fundo) são encaminhadas para tanques de armazenamento intermédios antes de serem processadas (Lifler, 1985).

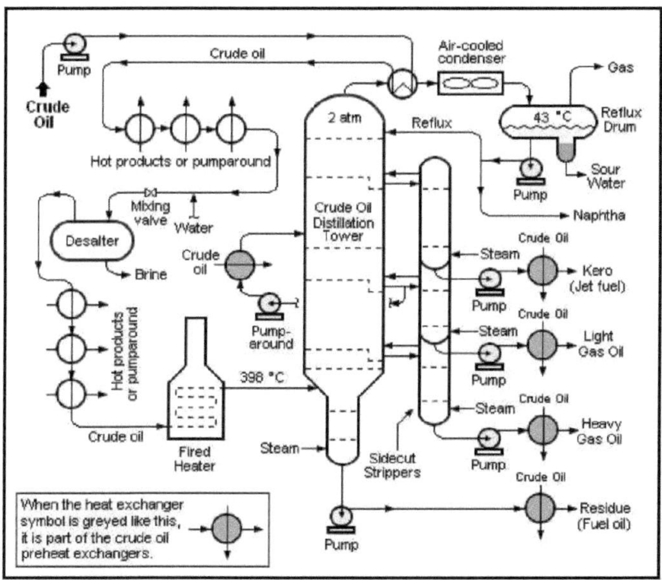

Organigrama de uma refinaria de petróleo típica

A ilustração seguinte é um fluxograma esquemático de uma refinaria de petróleo típica, mostrando os vários processos de refinação e o fluxo de produtos intermédios entre a entrada de petróleo bruto e os produtos acabados.

O diagrama mostra apenas uma de literalmente centenas de configurações diferentes de refinarias de petróleo. O diagrama também não inclui as instalações habituais das refinarias, que fornecem serviços como vapor, água de arrefecimento e energia eléctrica, bem como tanques de armazenamento de petróleo bruto, produtos intermédios e produtos acabados (Gary e Handdwerk, 1984).

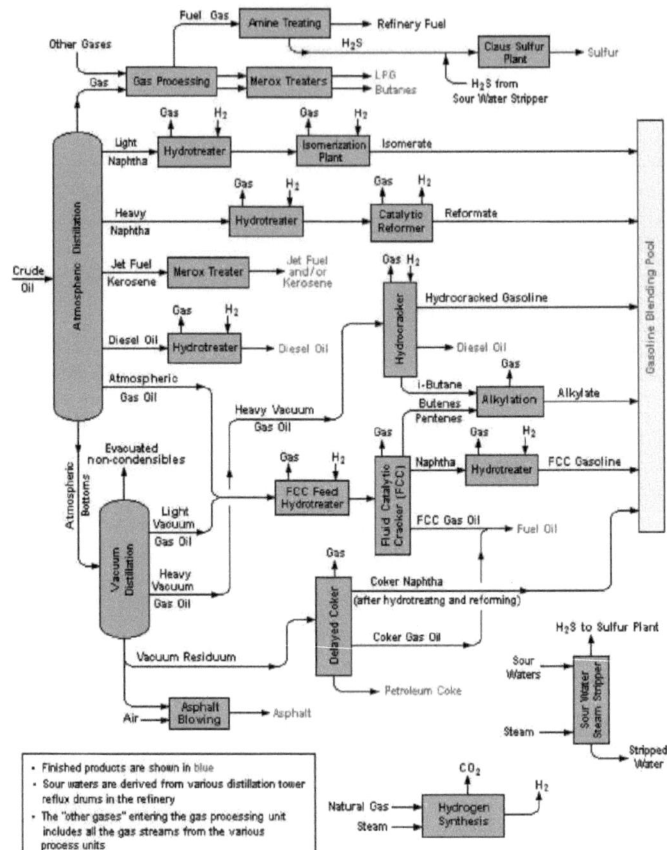

Acabamento de produtos acabados

Os principais produtos finais da refinação de petróleo podem ser divididos em quatro categorias: destilados leves, destilados médios, destilados pesados e outros.

Destilados leves

Gás de petróleo liquefeito (GPL)

Gasolina (também conhecida como óleo)

Nafta pesada

Destilados médios

Parafina

Combustíveis diesel para veículos a motor e veículos ferroviários

Equipamento de aquecimento para agregados familiares

Outros fuelóleos leves

Destilados pesados

Fuelóleo pesado

Produção de resíduos durante a refinação de petróleo bruto

6.6 Produção de resíduos na indústria petrolífera

Os resíduos produzidos pela indústria petrolífera podem ser classificados de acordo com as seguintes actividades:

1. **Extração e manuseamento de petróleo bruto:** os resíduos gerados pela extração e manuseamento de petróleo bruto incluem lamas de perfuração, salmoura de campos petrolíferos, petróleo livre e emulsionado e lamas de fundo de tanques.
2. **Refinação:** o funcionamento de uma refinaria inclui a produção de carburantes, fuelóleos, óleos e massas lubrificantes, ceras, asfaltenos e produtos especiais. Obviamente, uma refinaria completa pode produzir uma grande variedade de produtos residuais.
3. **Transporte e comercialização:** os resíduos gerados pelo transporte de petróleo bruto e de produtos refinados e pela comercialização de produtos petrolíferos incluem hidrocarbonetos provenientes de fugas nas instalações de transporte, transbordo e armazenamento, fugas durante as operações de transbordo, águas de porão, de lastro e de lavagem de petroleiros e navios, limpeza de tanques, operações nos pontos de venda e outras actividades conexas (Bhaita, 2011, Ugya e Ahmad, 2016).

6.7 Águas residuais de refinarias

As águas residuais das refinarias provêm dos seguintes processos

1. Armazenamento e transporte
2. Fracionamento sob pressão e destilação sob vácuo
3. Reforma
4. Cracking (catalítico e térmico)
5. Hidrodessulfurização
6. Processo de tratamento com solventes para a produção de óleo lubrificante
7. Hidrofinação
8. Funcionamento das instalações de abastecimento - caldeira de vapor, água de arrefecimento, etc.

O consumo de água e a produção de águas residuais numa refinaria de petróleo dependem muito do tipo de sistema de arrefecimento, ou seja, se é um sistema contínuo ou um sistema de circuito fechado. Nas refinarias com um sistema de arrefecimento contínuo, perde-se uma grande quantidade de hidrocarbonetos com as águas residuais. Estas refinarias apenas dispõem de instalações de separação primária de hidrocarbonetos e descarregam os hidrocarbonetos reutilizáveis com as águas residuais, tirando partido indevido da grande quantidade de águas residuais. O resultado é uma baixa concentração de petróleo nas águas residuais, mas a quantidade de petróleo descarregada é efetivamente elevada (Bhaita, 2011).

6.8 Destino das águas residuais das refinarias de petróleo

O que acontece às águas residuais das refinarias de petróleo depois de serem descarregadas no ambiente depende das condições e da hidrodinâmica do curso de água recetor. As águas residuais são inevitavelmente diluídas no meio recetor, mas a extensão desta diluição depende da dimensão do meio recetor e da localização do emissário, ou seja, se está localizado na zona de maré ou na zona intertidal. Wake (2005) analisou a água de descarga de uma operação offshore e verificou que a descarga estava distribuída de forma desigual nas águas receptoras. A maioria dos estudos sobre o destino dos resíduos de refinaria considera apenas os hidrocarbonetos nas águas residuais. Os compostos voláteis são removidos da coluna de água através da meteorização (Wake, 2005).

Os outros compostos são eliminados por sedimentação e biodegradação. A sedimentação é o principal mecanismo de eliminação. Na água de Southampton, 70% dos hidrocarbonetos foram encontrados no sedimento. Os compostos com elevada solubilidade em água, como os aromáticos, foram absorvidos mais lentamente do que os compostos alifáticos não polares. Nas águas de Southampton, a biodegradação foi rápida, com as concentrações de hidrocarbonetos reduzidas em 70% ao fim de 40 dias, muito mais rapidamente do que noutras zonas (Wake, 2005). O aumento da taxa de biodegradação foi atribuído à grande população de operadores petrolíferos na zona, que acumulou mais de 50 anos de descargas contínuas. A maioria dos hidrocarbonetos degradados são fracções alifáticas de baixo peso molecular. Isto significa que as concentrações de hidrocarbonetos diminuem ao longo do tempo, mas são sempre renovadas devido à descarga constante de águas residuais. Por conseguinte, se as descargas cessarem ou se a concentração de hidrocarbonetos nas águas residuais for reduzida, é possível que as concentrações de hidrocarbonetos nos sedimentos diminuam para níveis inferiores.

Na proximidade de uma refinaria de petróleo no Golfo de Fos (sul de França), existiam três zonas de sedimentos contaminados. Em primeiro lugar, uma zona fortemente contaminada perto da refinaria (50 g kg-1 de sedimentos secos), seguida de uma zona menos contaminada na baía profunda (3 g kg-1 de sedimentos secos) e uma última zona ligeiramente contaminada em mar aberto (0,1 g kg-1 de sedimentos secos). Outros estudos mostraram igualmente que a zona de elevada contaminação se situa frequentemente perto do emissário e diminui com a distância. Os hidrocarbonetos parecem depositar-se perto do ponto de descarga (Wake, 2005).

Também parece haver um padrão de distribuição de hidrocarbonetos em profundidade, mas isso varia de acordo com o histórico de fluxo e a taxa de sedimentação da área em questão. Wake (2005) observou que, nas proximidades da refinaria de petróleo Neste Oy, na Finlândia, a concentração máxima de hidrocarbonetos se situava entre 4 e 14 cm de profundidade e que não parecia haver qualquer outra exploração a esta profundidade. Na baía de Narragansett, verificou-se que a concentração de hidrocarbonetos diminuía com a profundidade e que uma maior proporção de petróleo era de origem biogénica com a profundidade (Wake, 2005). Isto indica que, nesta zona, ocorreu uma degradação das fracções mais leves nos sedimentos e que os hidrocarbonetos biogénicos mais pesados permaneceram, o que pode ser devido a uma taxa de sedimentação lenta. O padrão de concentração de poluentes com a profundidade dos sedimentos também pode estar relacionado com o historial das entradas na área.

Cranthorne *et al* (1989) verificaram que em Kinneil, no estuário do Forth, a concentração de alifáticos aumentava com a profundidade, possivelmente devido à diminuição do teor de hidrocarbonetos das águas residuais ao longo do tempo. Wake (2005) observou em Southampton Water um horizonte de hidrocarbonetos pronunciado num núcleo a 90-100 cm de profundidade, que atribuiu à expansão da refinaria de petróleo nesta zona por volta de 1950 e à subsequente redução das descargas. Este facto demonstra, mais uma vez, que não é possível generalizar entre diferentes zonas no que diz respeito ao destino dos componentes das águas residuais.

6.9 O papel da tecnologia verde no tratamento das águas residuais das refinarias

De acordo com Bhowmik e Dahekar (2014), a "tecnologia verde" é um termo que ganhou destaque quando o mundo se apercebeu da urgência da estabilização ecológica e ambiental. Não existe uma definição exacta de tecnologia verde, mas as Nações Unidas definem-na como "uma tecnologia que tem o potencial de melhorar significativamente o desempenho ambiental em relação a outras tecnologias". Está relacionada com a noção de "tecnologia amiga do ambiente". A tecnologia verde é o campo de aplicação dos ramos da ciência que tentam preservar o ambiente natural e minimizar os efeitos negativos das actividades humanas, por oposição às tecnologias sustentáveis. (Bhowmik e Dahekar, 2014).

A dependência excessiva da tecnologia para resolver os problemas ambientais está a aumentar em todo o mundo, especialmente nos países industrializados. Isto deve-se ao facto de os governos da maioria dos países se mostrarem relutantes em adotar determinadas leis e políticas e em proceder a determinadas mudanças sociais e políticas necessárias para reduzir a degradação avassaladora do ambiente.

Entretanto, as mudanças tecnológicas que seriam necessárias para conter os crescentes danos ambientais causados pelo aumento da produção e do consumo são extremamente necessárias, porque a antiga forma de tecnologia não era suficientemente eficaz para fazer o trabalho corretamente.

Kos e Bowen afirmaram em 2011: "Num contexto de inegável diminuição das reservas de combustíveis fósseis e do seu custo cada vez mais elevado, foi necessário desenvolver tecnologias alternativas. À medida que a população mundial aumenta, aumenta também a necessidade de energia. Entre as várias tecnologias verdes, também conhecidas como "tecnologias limpas", surgiram algumas favoritas. Entre elas, a energia solar e a energia eólica. Como ambas utilizam os elementos da natureza, estas duas fontes de energia totalmente renováveis são muito atractivas. Apenas duas das aplicações práticas das tecnologias verdes são os veículos que funcionam com eletricidade e as casas que são aquecidas por energia geotérmica (Kos & Bowen, 2011).

O tipo de tecnologia verde mais comum e mais utilizado é a célula solar. Trata-se de uma tecnologia que converte a energia da luz solar diretamente em energia eléctrica através do processo fotovoltaico, também conhecido como PV, que não gera poluição.

Bazilian *et al, 2013,* "A conversão direta da luz solar em eletricidade tem lugar sem quaisquer peças móveis. Os sistemas fotovoltaicos são utilizados há cinquenta anos em aplicações específicas e os sistemas fotovoltaicos autónomos e ligados à rede são utilizados há mais de vinte anos (*Bazilian et al, 2013).* A primeira produção em massa desta tecnologia teve lugar em 2000, quando ambientalistas alemães e a organização Eurosolar receberam financiamento público para um programa de dez mil telhados (Wolfgang, *2013).*

Conclusão

Numerosos estudos demonstraram que as refinarias descarregam as suas águas residuais sem as tratar em conformidade com as normas internacionais em matéria de descargas poluentes. Estes estudos mostram, portanto, que um processo de tratamento respeitador do ambiente é, de facto, a única forma de tratar eficazmente as águas residuais das refinarias.

Referência

Abdelwahab, O., Amin, N.K., El-Ashtoukhy, E.-S.Z., 2009. Remoção eletroquímica de fenol de efluentes de refinaria de petróleo. J. Hazard. Mater. 163, 711-716.

Al-Rasheed, R.A., 2005. Tratamento de água por fotocatálise heterogénea - uma visão geral. In: Trabalho apresentado no 4° Simpósio de Experiência Adquirida do SWCC realizado em Jeddah.

Bhaita, S.C. (2011). *"Poluição e controlo na indústria de processos químicos".* 2nd

2ª edição, Kanna Publishers India p. 1273.

Brian Black (2000). Petrolia: the landscape of America's first oil boom [Petrolia: a paisagem do primeiro boom petrolífero da América]. Imprensa da Universidade Johns Hopkins. ISBN 978-0-8018-6317-2.

Beychok, Milton R. (1967). Aqueous Wastes from Petroleum and Petrochemical Plants (1ª edição).

John Wiley & Sons. Biblioteca do Congresso Número de controlo 67019834

Cranthorne, B., Roddie, B., Bolton, C., Jonston, D., Munro, D. (1989). Joint Research Programme: the impact of oil discharges on the Forth Estuary. Centro de Investigação da Água, Marlow, Bucks, Relatório n° PRS 2001-M/3, 71 páginas.

Coelho, A., Castro, A.V., Dezotti, M., Sant'Anna Jr, G.L., 2006. Tratamento de água ácida de refinaria de petróleo por processos avançados de oxidação. J. Hazard. Mater. 137, 178-184.

Diya'uddeen, B.H, Wan M.A., Wan D. e A.R. Abdul Aziz (2011) Tecnologias de tratamento de efluentes de refinarias de petróleo: A Overview Process Safety and Environmental Protection 8 9 ;95-105

Demirci, S., Erdogan, B., Ozcimder, R., 1997. Tratamento de águas residuais na refinaria de petróleo de Kirikkale, Turquia, utilizando certos coagulantes e argilas Turkiskh como auxiliares de coagulação. Water Res.

32,3495-3499.

Doggett, T., Rascoe, A., 2009. A procura global de energia deverá aumentar 44% até 2030.

http://www.reuters.com/articles/GCAGreenBusiness/idUSN2719528620090527 (consultado em 17.09.09).

El-Naas, M.H., Al-Zuhair, S., Alhaija, M.A., 2009a. Redução da CQO em águas residuais de refinaria por adsorção em carvão ativado Date-Pit. J. Hazard. Mater. 173, 750-757.

El-Naas, M.H., Al-Zuhair, S., Al-Lobaney, A., Makhlouf, S., 2009b. Avaliação da eletrocoagulação para o tratamento de águas residuais de refinarias de petróleo. J. Environ. Manage. 91,180-185.

Gary, J.H. & Handwerk, G.E. (1984). Petroleum Refining Technology and Economics (2ª ed.). Marcel Dekker, Inc. ISBN 978-0-8247-7150-8.

Guo, J., Al-Dahhan, M., 2005. Oxidação catalítica de fenol por via húmida em reatores de leito fixo com fluxo ascendente e descendente simultâneo sobre catalisadores de argila colunar. Chem. Eng. Sci. 60, 735-746.

Huang, C.-R., Shu, H.-Y., 1995. Cinética de reação, vias de decomposição e formações intermédias de fenol em processos de ozonização, UV/O3 e UV/H2O2. J. Hazard. Mater. 41, 47-64.

Harry, M.F., 1995. Handbook of industrial pollution. McGraw Hill. Nova Iorque

Kuyukina, M.S., Ivshina, I.R., Serebrennikova, M.K., Krivorutchko, A.B., Podorozhko, E.A., Ivanov, R.V., Lozinsky, V.I., 2009. Tratamento de água poluída com óleo num bioreactor de leito fluidizado com células Rhodococcus imobilizadas. Int. Biodeterioração Biodegrad. 63, 427-432.

James G, Speight (2006). The Chemistry and Technology of Petroleum (quarta edição). CRC Press. 0-8493-9067-2.

Jou, C.G., Huang, G., 2003. Um estudo piloto sobre o tratamento de águas residuais numa refinaria de petróleo utilizando um bioreactor de película sólida. Adv. Environ. Res. 7, 463-469.

Kister, Henry Z. (1992). Projeto de Destilação (1ª ed.). McGraw-Hill. ISBN 978-0-07-034909-4.

Leffler, W.L. (1985). Petroleum refining for the nontechnical person (2ª ed.). PennWell Books. ISBN 978-0-87814-280-4.

Laoufi, N.A., Tassalit, D., Bentahar, F., 2008. Degradação de fenol numa solução aquosa por um fotocatalisador à base de TiO2 num reator químico. Global NEST J. 10, 404-418.

Li, Y., Yan, L., Xiang, C., Hong, L.J., 2006a. Tratamento de águas residuais contendo hidrocarbonetos por membranas de ultrafiltração (UF) tubulares compostas orgânico-inorgânicas. Desalination 196, 76-83.

Ma, F., Guo, J.-B., Zhao, L.-J., Chang, C.-C., Cui, D., 2009. Aplicação da bioaumentação para melhorar o sistema de lamas activadas no sistema de oxidação por contacto para o tratamento de águas residuais petroquímicas. Bioresour. Technol. 100,597-602.

Marcilly, C., 2003: Situação atual e tendências futuras da catálise para a refinação e a petroquímica.

J. Catal. 216, 47-62.

Rahman, M.M., Al-Malack, M.H., 2006. Desempenho de um biorreactor de membrana de fluxo cruzado (CF- MBR) no tratamento de águas residuais de refinaria. Desalination 191, 16-26.

Roshanak R. K., Yousef D.S., Mahdi F., Ali, E e Hosseinali A. (2014) Heterogenous photocatalytic degradation of diazinon in water using nano- TiO2: Modeling and intermediates European Journal of Experimental Biology, 4(1):186-194

Saien, J., Nejati, H., 2007. Melhoria da degradação fotocatalítica de poluentes em águas residuais de refinarias de petróleo em condições moderadas. J. Hazard. Mater. 148, 491-495.

Serafim, A.J., 1979, Solid Retention Time on Carbon Adsorption of Organics in Secondary Effluents From

Treatment of Petroleum Refinery Waste. Dissertação de doutoramento, Texas A&M Universidade

Sun, Y., Zhang, Y., Quan, X., 2008. Tratamento de efluentes de refinaria de petróleo por oxidação catalítica húmida assistida por micro-ondas a baixa temperatura e baixa pressão. Sep. Purif. Technol. 62, 565-570.

Wake, H., 2005. Refinarias de petróleo: uma visão geral do seu impacto ecológico no ambiente aquático. Estuário. Coast Shelf Sci. 62, 131-140.

Capítulo 7

Uma panorâmica das tecnologias disponíveis para eliminar a poluição das águas residuais das fábricas de papel

Isiyaku M. e S. A. Haruna

Departamento de Bioquímica, Universidade Estatal de Kaduna, Kaduna, Nigéria.

Resumo

A produção de papel gera quantidades consideráveis de águas residuais, até 60 m3 por tonelada de papel produzido. As águas residuais brutas das fábricas de papel e cartão podem ser potencialmente muito prejudiciais para o ambiente. Um estudo recente realizado na indústria britânica revelou que a sua carência química de oxigénio pode atingir os 11 000 mg/l. O objetivo desta investigação é, portanto, estudar os processos de tratamento das impurezas geradas pelo fabrico do papel e o seu impacto potencial no ambiente. O objetivo é também analisar os processos de tratamento que podem ser utilizados para eliminar estes efeitos. O estudo incide principalmente sobre os métodos biológicos e outros métodos disponíveis. Além disso, explica em pormenor os problemas associados às águas residuais das fábricas de papel e os métodos que podem ser utilizados para tratar e/ou remediar os resíduos do fabrico de papel.

Palavras chave: águas residuais, fábrica de papel, saneamento, enzimas

7.1 Introdução

A indústria da pasta e do papel consome grandes quantidades de água doce e de materiais lenhocelulósicos no fabrico de papel e produz grandes quantidades de águas residuais. As águas residuais produzidas caracterizam-se por uma cor escura, odor desagradável, elevado conteúdo orgânico e quantidades extremas de carência química de oxigénio (CQO), carência bioquímica de oxigénio (CBO) e pH [Pokhrel & Viraraghavan, 2004].

A cor escura das águas residuais da fábrica de papel deve-se a ligandos orgânicos, tais como extractos de madeira, resinas, corantes sintéticos, taninos, lenhina e seus produtos de degradação [Deilek & Bese, 2001].

A cor escura das águas residuais não tratadas é um grande problema ambiental, uma vez que a sua descarga na água inibe a atividade fotossintética dos organismos aquáticos ao reduzir a luz solar e tem também efeitos tóxicos nos organismos [Deilek & Bese, 2001].

Os fenóis clorados, que se formam durante o branqueamento da pasta de papel durante o fabrico do papel, são uma classe de poluentes presentes nas águas residuais das fábricas de papel. Estes fenóis contribuem significativamente para a toxicidade das águas residuais, o que tem um grande impacto na comunidade piscícola [Lacorte et al., 2003].

Os efeitos nocivos das águas residuais no ambiente e as normas ambientais mais rigorosas estão a obrigar as fábricas a reduzir os corantes, os fenóis tóxicos e outros poluentes para um nível seguro antes de descarregarem as águas residuais. O atual estado da arte utilizado pelas fábricas de papel para tratar as suas águas residuais compreende três fases principais: tratamento primário, tratamento secundário e tratamento terciário. Os métodos de tratamento primário atualmente utilizados pelas fábricas de papel, como a sedimentação, a flotação e a filtração, apenas removem os sólidos em suspensão [Pokhrel & Viraraghavan, 2004]. Os métodos de tratamento secundário atualmente disponíveis, como as lagoas aeradas, os sistemas de lamas activadas, os processos anaeróbios, etc., apenas visam a CQO, a CBO, os AOX (halogéneos orgânicos adsorvíveis) e outros compostos específicos, como os fenóis clorados, os catecóis, os guiacolos, etc. [Pokhrel & Viraraghavan, 2004]. [Pokhrel & Viraraghavan, 2004].

No entanto, o êxito destas tecnologias é limitado pelas necessidades em nutrientes, pelo inchaço e pelo crescimento de microrganismos filamentosos. É por isso que os tratamentos por terceiros são frequentemente utilizados como técnicas de limpeza final e estas tecnologias visam poluentes individuais a fim de cumprir as normas de descarga [Pokhrel & Viraraghavan, 2004].

Foram desenvolvidos vários métodos de tratamento terciário físico-químico e eletrolítico, tais como a filtração rápida em areia, processos de membrana, eletrocoagulação, ozonização, precipitação química e adsorção, para controlar os corantes ou fenóis, e os inconvenientes destes métodos são descritos na literatura [Deilek & Bese, 2001].

Vários métodos microbianos, utilizando fungos e certas bactérias, foram desenvolvidos por investigadores para remover corantes e/ou fenóis das águas residuais da indústria do papel [Ramchandra et al., 2009].

No entanto, a utilização de métodos microbianos é praticamente limitada, uma vez que muitos compostos de interesse presentes nas águas residuais são resistentes à biodegradação e apresentam uma toxicidade significativa para as comunidades microbianas mistas presentes no sistema de tratamento biológico [Pokhrel & Viraraghavan, 2004].

Uma revisão da literatura mostra que, embora existam métodos de tratamento que removem os corantes e/ou fenóis das águas residuais, faltam processos de tratamento que removam eficazmente tanto os corantes como os fenóis das águas residuais [Deilek & Bese, 2001].

Consequentemente, alguns investigadores consideraram que é essencial integrar dois ou mais procedimentos de tratamento individuais, de modo a explorar os pontos fortes únicos de cada procedimento envolvido. Alguns métodos de tratamento integrado, em que dois ou mais procedimentos são utilizados sequencialmente ou em combinação, foram desenvolvidos e comunicados [El-Bestawy et al].

Estes métodos de tratamento integrado demonstraram maior eficácia na remoção de poluentes do que os seus respectivos métodos individuais. No entanto, nenhum dos métodos de tratamento integrado existentes abordou a remoção completa de corantes e fenóis das águas residuais das fábricas de papel. Por conseguinte, são necessários mais estudos para desenvolver métodos de tratamento integrado que combinem dois ou mais processos de tratamento para remover eficazmente tanto os corantes como os fenóis das águas residuais das fábricas de papel.

7.2 Bioremediação

A bioremediação é uma tecnologia de controlo da poluição em que os sistemas biológicos catalisam a degradação ou transformação de vários produtos químicos tóxicos em formas menos nocivas.

A bioremediação pode ser utilizada para tratar vários tipos de efluentes industriais, incluindo águas residuais, efluentes de curtumes, destilarias e da indústria do papel e da pasta de papel. As abordagens gerais à bioremediação envolvem o incentivo à biodegradação natural por organismos indígenas (bioremediação intrínseca), a modificação do ambiente através da adição de nutrientes ou de arejamento (bioestimulação) ou a adição de microrganismos (bioaumentação).

Ao contrário das tecnologias tradicionais, a bioremediação pode ser efectuada no local. A biorremediação está limitada a um pequeno número de substâncias tóxicas que pode gerir, mas onde é aplicável, é rentável.

7.3 Limpeza das águas residuais das fábricas de papel

As fábricas de papel produzem águas negras com uma carência biológica de oxigénio (CBO), carência química de oxigénio (CQO), substâncias tóxicas, substâncias orgânicas recalcificantes, turvação e temperatura muito elevadas.

Os corantes contidos nas águas residuais das fábricas de pasta de papel e de papel são de natureza orgânica e consistem em extractos de madeira, resinas de tanino, corantes sintéticos, lenhina e os seus produtos de decomposição, que resultam da ação do cloro sobre a lenhina. As águas residuais não tratadas das fábricas de pasta de papel e de papel descarregadas nos cursos de água afectam a qualidade da água e a cor castanha que a adição de águas residuais confere à água pode ser detectada a longas distâncias. A cor castanha escura deve-se à formação de produtos de degradação da lenhina durante o processamento da lenhinocelulose proveniente da produção de papel e pasta de papel. As águas residuais não diluídas são tóxicas para os organismos aquáticos e têm um forte efeito mutagénico. Além disso, alguns compostos presentes nos efluentes são resistentes à biodegradação e podem acumular-se na cadeia alimentar aquática (Pokhrel & Viraraghavan, 2004). Vários métodos têm sido testados para a remoção de corantes das águas residuais de fábricas de pasta e papel. Estes podem ser divididos em métodos físicos, químicos e biológicos. Os métodos físicos e químicos são bastante dispendiosos e removem as lenhinas cloradas de elevado peso molecular, a cor, as toxinas, os sólidos em suspensão e a carência química de oxigénio. No entanto, a CBO e os compostos de baixo peso molecular não são eficazmente removidos (Singh & Singh, 2004). A utilização de produtos químicos à base de cloro no processo de branqueamento gera compostos de clorofenol que são totalmente resistentes ao ataque microbiano e persistem como substâncias de resistência (Ghoreishi & Haghighi, 2007). A carga poluente em termos de carência biológica de oxigénio (CBO) das pequenas fábricas de papel é 2,5 vezes superior à das grandes fábricas de papel que utilizam a recuperação de soda. Os métodos biológicos de tratamento de águas residuais têm a vantagem de serem pouco dispendiosos e de poderem reduzir a CBO e a CQO das águas residuais, para além de eliminarem as cores (Christov & Driessel, 2003). A remoção de metais pesados por levedura de PPME foi conseguida por (Thippeswamy et al. 2012). Uma levedura tolerante a vários metais foi isolada com um gradiente de concentração elevado de Cu, Zn, Ni, Cr, Cd e Pb. O resultado mostrou um elevado enriquecimento de Cd (52%), seguido de Pb (45%), Ni (43%), Cr (41%), Zn (38%) e Cu (37%) em águas residuais de papel tratadas com Saccharomyces sp. As técnicas convencionais de tratamento anaeróbio e aeróbio são suficientes para reduzir parcialmente a CQO e a CBO nos RSU. Os processos de digestão anaeróbia e de lamas activadas também têm sido utilizados para tratar os RSU (Catalkaya & Kargi, 2008). Também foram utilizadas combinações de métodos biológicos e físico-químicos para determinar a viabilidade prática. Nakamura et al (1997) conseguiram tratar as águas residuais do papel kraft até certo ponto com uma combinação de lamas activadas e processos de ozonização, enquanto Chandra et al (2009) efectuaram um tratamento aeróbio combinado com processos de lamas activadas, lagoas arejadas e reactores biológicos para a bioremediação das águas residuais da fábrica de papel. Os microrganismos registados para o tratamento aeróbio incluíram Pseudomonas putida, Citrobactersp. e Enterobacter sp. Para desenvolver um processo de bioremediação sustentável, os investigadores desenvolveram a bioremediação utilizando fungos, para além de certas estirpes de bactérias. Foram escritos relatórios sobre a biorremediação por fungos como Phanerochaete chrysosporium (Garg & Modi, 1999; Tang et al., 2005), Lentinus edodes (Duran et al., 2002), Trametes (Coriolus) versicolor (Couto & Herrera, 2006), Aspergillus niger e E. coli (Suri & Sharma, 2012). O principal problema com a biorremediação fúngica é que os fungos precisam de aditivos adicionais e outros factores de crescimento para crescerem com sucesso nas águas residuais. Além disso, o período de incubação necessário para a biorremediação com fungos é mais longo do que para a biorremediação com bactérias (Malaviya & Rathore, 2007). Selvum et al (2011) isolaram três fungos apodrecedores de madeira Polyporus hirsutus, Daedalea flavida e Phellinus sp. dos Ghats Ocidentais na Índia para biorremediação de PPME. A descoloração máxima de 62,2% foi alcançada por Phellinus sp. após 10 dias de tratamento. A carência química de oxigénio (COD) também foi reduzida por Phellinus sp. para 3010 mg l-1 (42,1%). Numa escala piloto, a descoloração máxima de 66,2% foi alcançada pelo Polyporus hirsutus no dia 10, o cloreto inorgânico 582 mg l-1 (105%) foi libertado pelo Phellinus sp. no dia 10 e a carência química de oxigénio (CQO) foi reduzida para 3260 mg l-1 pelo Polyporus hirsutus, ou 37,3%. A utilização de enzimas como a lacase, xilanases, peroxidase, catecol dioxigenase, Mn peroxidase e celobiose desidrogenase na bioremediação de águas residuais de fábricas de papel foi estudada por Rao et al (2010). O fungo (Pleurotus florida) foi utilizado por Kulshreshtha et al (2010).

7.4 Método enzimático

A utilização de enzimas para o tratamento de águas residuais na indústria da pasta e do papel está a ser estudada como uma nova possibilidade. Existe atualmente uma grande atividade de investigação no domínio da enzimologia da degradação da lenhina. A lenhinase, a celulase, a peroxidase, etc. são as principais enzimas, nomeadamente a peroxidase, que é utilizada para eliminar a cor das águas residuais do branqueamento. Também é possível misturar enzimas com micróbios especiais, que normalmente não têm uma atividade enzimática elevada, e assim eliminar compostos recalcitrantes e inofensivos das águas residuais. A utilização de novos tipos de enzimas e da tecnologia rDNA no tratamento de lamas e de águas residuais é também discutida (Pratima et al, 1994).

7.5 Processo de reciclagem de papel

Dependendo dos meios utilizados para branquear a pasta, as águas residuais devem ser tratadas. O branqueamento com peróxidos, oxigénio e ozono não é tão eficaz como o branqueamento com cloro ou dióxido de cloro, mas a água contém geralmente muito poucos ou nenhuns produtos químicos de tratamento.

Quando se utiliza o cloro ou o dióxido de cloro, a água contém estas substâncias, que aumentam os níveis de AOX. Por outro lado, a lixívia de cloro é a mais eficaz.

As águas residuais provenientes da reciclagem de papel também contêm partículas que precisam de ser filtradas. Os restos de plástico, as peças metálicas (clips, etc.) e outros resíduos devem ser eliminados (Pratima et al., 1994).

7.6 Aplicação de um processo complexo de ultrafiltração para remover metais de águas residuais da indústria do papel

Nos últimos anos, a indústria da pasta de papel e do papel tem vindo a experimentar diferentes tecnologias para reduzir o consumo de água doce nas fábricas de papel. Este facto conduziu ao rápido desenvolvimento de novas tecnologias de tratamento de águas residuais para reutilização industrial. Recentemente, os ligandos poliméricos solúveis em água demonstraram ser substâncias eficazes na remoção de metais vestigiais de águas residuais industriais por ultrafiltração (UF). No presente estudo, a polietilenoimina (PEI) e o álcool polivinílico (PVA) foram utilizados como macroligantes poliméricos solúveis em água. As experiências de UF foram efectuadas em células mortas agitadas. A membrana utilizada foi feita de fluoreto de polivinilo (PVDF). O desempenho dos ligandos poliméricos solúveis em água foi avaliado através da determinação da remoção de metais e da carência química de oxigénio (CQO). Em geral, o processo de ultrafiltração por complexação foi eficaz na remoção de metais das águas residuais e melhorou a qualidade das águas residuais em comparação com a ultrafiltração sem a adição de ligandos (Vieiraa M et al. 2001).

7.7 Oxidação avançada de águas residuais de branqueamento de uma fábrica de pasta de papel

Foi estudada a degradação de um efluente de branqueamento ECF de uma fábrica de pasta de papel através de várias reacções de oxidação avançada. A biodegradabilidade inicial da matéria orgânica contida no efluente, estimada em termos de CBO5/COD, era baixa (0,3). Quando as águas residuais foram sujeitas a ozonização e a cinco sistemas de oxidação avançada diferentes (O3/UV, O3/UV/ZnO, O3/UV/TiO2, O2/UV/ZnO, O2/UV/TiO2), a biodegradabilidade aumentou significativamente. Após cinco minutos de reação, o sistema O3/UV pareceu ser o mais eficaz na transformação da matéria orgânica em formas mais biodegradáveis. Foi observado um efeito semelhante quando as águas residuais foram submetidas a um tratamento com lamas activadas. A redução da CQO, do COT e da toxicidade correlacionou-se bem com a melhoria da biodegradabilidade após o tratamento com AOP (MaCristina et al. 1999).

7.8 Tratamento de águas residuais de fábricas de pasta de papel e papel com floculação induzida por polímeros de poliacrilamida (PAM)

Foi investigado o desempenho de floculação de nove poliacrilamidas catiónicas e aniónicas de diferentes pesos moleculares e densidades de carga no tratamento de águas residuais de fábricas de pasta e papel. Os ensaios foram efectuados em recipientes de vidro com uma dosagem de poliacrilamida de 0,5-15 mg 1-1, mistura rápida a 200 rpm durante 2 minutos, seguida de mistura lenta a 40 rpm durante 15 minutos e um tempo de sedimentação de 30 minutos. A eficácia das poliacrilamidas foi medida através da redução da turvação, da remoção do total de sólidos suspensos (TSS) e da redução da carência química de oxigénio (COD). A poliacrilamida catiónica Organopol 5415, com o seu peso molecular muito elevado e baixa densidade de carga, apresentou a maior eficiência de floculação no tratamento de águas residuais de fábricas de papel. Pode alcançar uma redução da turvação de 95%, uma remoção de SST de 98%, uma redução da CQO de 93% e um Índice de Volume de Lamas (IVL) de 14 ml g-1 na dosagem óptima de 5 mg 1-1. Para todas as poliacrilamidas, foram alcançados valores de SVI inferiores a 70 ml g-1 na respectiva dosagem óptima. Com base na avaliação de custos, a utilização de poliacrilamidas para o tratamento de águas residuais de fábricas de pasta e papel é economicamente viável. Este resultado indica que, devido à eficiência das poliacrilamidas, um único sistema polimérico pode ser utilizado isoladamente para o processo de coagulação-floculação. A sedimentação das lamas por espessamento gravítico com um tempo de decantação de 30 minutos é possível tendo em conta as caraterísticas de decantação das lamas produzidas com Organopol 5415, que podem atingir 91% de recuperação de água e 99% de remoção de SST após 30 minutos de decantação (Wonga et al. 2006).

7.9 Tratamento biológico com Fomes Lividus e Trametes Versicolor

Os fungos de podridão branca Fomes lividus e Trametes versicolor, isolados da região dos Ghats Ocidentais de Tamil Nadu, Índia, foram utilizados para tratar águas residuais da indústria da pasta e do papel à escala laboratorial e piloto. À escala laboratorial, foi atingida uma descoloração máxima de 63,9% com T. versicolor no quarto dia. O F. lividus detectou cloreto inorgânico a uma concentração de 765 mg/l, correspondente a 227% do valor em águas residuais não tratadas, no 10º dia. Carência química de oxigénio

(COD) foi igualmente reduzida para 1984 mg/l (59,3%) por cada um dos dois fungos. Numa escala piloto, foi obtida uma descoloração máxima de 68% durante a incubação de seis dias por T. versicolor, o cloreto inorgânico foi libertado por T. versicolor até 475 mg/l (103%) no sétimo dia, e a DQO foi reduzida por F. lividus para 1984 mg/l, ou seja, 59,32%. Estes resultados indicam que o F. lividus parece ser outro candidato eficaz para a descloraminação de águas residuais (Selvam et al., 2002).

Conclusão

Com o aumento da procura de papel, o tratamento das águas residuais das fábricas de papel é a principal questão de proteção ambiental. A biorremediação é atualmente vista como uma opção atractiva para reduzir a carga poluente da água contaminada, uma vez que é mais eficaz e mais económica do que a remediação química. O presente estudo mostra claramente que os processos enzimáticos e biológicos podem ser utilizados para tratar águas residuais de grandes fábricas de pasta e papel. Os isolados de fungos e bactérias com atividade enzimática adequada e condições físicas optimizadas desempenham um papel importante no processo de bioremediação.

Referências

Christov, L. e Driessel, B.V. (2003): Bioremediação de águas residuais na indústria da pasta e do papel. Indian J. Biotechnology, 2, 444-450.

Catalkaya, E. C. e Kargi, F. (2008): Tratamento por oxidação avançada de águas residuais de fábricas de pasta de papel para remoção de TOC e toxicidade. J. Environ. Manage, 87, 396-404.

Chandra, R., Raj, A., Yadav, S. e Patel, D. K. (2009): Pollutant reduction in paper mill wastewater treated with PCP-degrading bacterial strains. Environ. Monit. Assesment, 155, 1-11.

Couto, S. e Herrera, J. (2006): Aplicações industriais e biotecnológicas de lacases: Uma revisão. J. Biotechnol. Advances, 24, 500-513.

Deilek F. B., Bese S (2001): *'Treatment of pulp wastewater with alum and clay - Decolourisation and sludge properties'*, Water SA, vol.27, No.3, pp.361- 366, 2001.

Duran, N., Rosa, M.A., D'Annibale, A., Gianfreda, L. (2002). Aplicações de laccases e tirosinases (fenol oxidases) imobilizadas em diferentes suportes: uma visão geral. J. Enzyme Microbial Technology, 31, 907-931.

El-Bestawy E., El-Sokkary I., Hussein H., Abu-Keela A. F (2008) : *Pollution control in pulp and paper industrial effluents using integrated chemical-biological sequences*" Journal of Industrial Microbiology and Biotechnology, doi : 10.1007/s10295-008-0453-3, 2008.

Ghoreishi, S. M. e Haghighi, R. (2007): Remoção de cromóforos de águas residuais de fábricas de pasta e papel por reactores de hidrogenação em descontínuo. Chem. Eng. J., 127, 59-70

Garg, S. e Modi, D. (1999): Descoloração de águas residuais de fábricas de pasta e papel por fungos de podridão branca. J.

Critical Rev. Biotechnology, 19 (2) , 85-112.

Kulshreshtha, S., Mathur, N., Bhatnagar, P. e Jain, B. L. (2010): Biorremediação de resíduos industriais através do cultivo de cogumelos. J. Environ. Biol, 31, 441-444.

K Murugesan (2003): Biodegradação de águas residuais de fábricas de papel e celulose.

Indian Journal of Experimental Biology Vol. 41. novembro de 2003. p. 1239-1248.

Lacorte S., Lattorre A., Barcelo D., Rigol A., Malmqvist A., Welander T(2003) :" *Organic compounds in paper mill process waters and effluents* ", Trends in Analytical Chemistry, vol.22, No.10, pp.725-737, 2003.

Cristina Yeber, Jaime Rodriguez, Juanita Freer, Jaime Baeza, Nelson Duran e Hector D. Mansilla (1999): Oxidação avançada de águas residuais de branqueamento de uma fábrica de celulose. Chemosphere, 39 1679-88).

Malaviya, P. e Rathore, V. S. (2007): Bioremediação de efluentes de fábricas de papel e celulose por um novo consórcio de fungos isolado de solo poluído. J. Bioresour. Technology, 98, 3647-3651

Nagarathnamma R., Bajpai P., Bajpai P.K., (1999) : "*Studies on decolorization, degradation and detoxification of chlorinated lignin compounds in kraft bleaching effluents by Ceriporiopsis subvermispora*", Process Biochemistry, vol.34, pp.939-948. 1999.

Nakamura, Y., Sawada, T., Kobayashi, F. e Godliving, M. (1997): Tratamento microbiano de águas residuais de pasta de papel kraft tratadas com ozono. Wat. Sci. Technology, 35, 277-282.

Pratima Bajpai e Pramod K. Bajpai, (1994): Biological decolorization of pulp and paper mill wastewater. Journal of Biotechnology, 33 (211-220).

Pokhrel D., Viraraghavan T (2004): *Treatment of pulp and paper mill wastewater- a review"*, Science ofthe Total Environment, vol. 333, p. 37-58, 2004. 333, p. 37-58, 2004.

Pokhrel, D. e Viraraghavan. T. (2004) : Tratamento de águas residuais de fábricas de pasta e papel - uma revisão. Sci. Tot. Ambiente, 333, 37-58.

Ramchandra, Raj A., Yadav S., Patel D. K(2009): *Reduction of pollutants in pulp paper mill effluent treated by PCP degrading bacterial strains*", Environmental Monitor Assessment, vol.155, pp.1-11, 2009.

Rao, M. A., Scotti, S. R. e Gianfreda, L. (2010): Papel das enzimas na remediação de ambientes poluídos. J. Soil Sci. Plant Nutr, 10 (3), 333- 353.

Selvam K, Swaminathan K, Myung Hoon Song e Keon-Sang Chae , (2002) : Tratamento biológico de efluentes da indústria de papel e celulose por Fomes lividus e Trametes versicolor. Jornal Mundial de Microbiologia e Biotecnologia 18 (523- 526).

Singh, P. e Singh. A. (2004) : Propriedades físico-químicas das águas residuais de destilarias e seu tratamento químico. J. Nature Sci. Technology, 3 (2), 205- 208

Suri, A. e Sharma, N. (2012): Estudo comparativo da biotransformação de águas residuais efectuada por bactérias e fungos indígenas, Int. J. Eng. Sci. Res, 2- 3 (1), 95-99.

Selvam, K., Priya, M. S. e Sivaraj, C. (2011): Biorremediação de efluentes de fábricas de papel e celulose por fungos de madeira vermelha recém-isolados da região de Western Ghats, no sul da Índia. Int. J. Pharma. Biol. Arch, 2 (6), 1765-1771.

Thippeswamy, B., Shivakumar, C. K. e Krishnappa, M. (2012). Potencial de acumulação de metais pesados por Saccharomyces sp. indígena ao efluente da fábrica de papel, J. Env. Res. Develop, 6 (3), 439-445.

Thompsona G., Swainb J., Kayb M. e Forster C. F, (2001): O tratamento de efluentes de fábricas de pasta e papel: uma revisão. Bioresource Technology 77 (275-286).

Vieiraa M, Tavaresa C. R, Bergamascoa R e Petrus J. C. C, (2001): Aplicação do processo de complexação por ultrafiltração para a remoção de metais de águas residuais da indústria de celulose e papel. Journal of Membrane Science, 194 (273- 276).

Wonga S.S, Tengb T.T, Ahmada A.L, Zuhairia A e Najafpourc G, (2006): Tratamento de águas residuais de fábricas de pasta de papel e papel por poliacrilamida (PAM) em floculação induzida por polímero. Journal of Hazardous Materials 135 (378- 388).

Capítulo 8

Uma visão geral da gestão dos resíduos radioactivos

[1]Ugya A.Y e Nnamani C.V[2]

[1]Departamento de Ciências Biológicas, Universidade Bayero de Kano, Kano, Nigéria.

[2]Departamento de Biologia Aplicada, Universidade Estatal de Ebonyi, Ebonyi, Nigéria

Resumo

Este capítulo centra-se na poluição por radiações. A ciência nuclear, que serve muitos propósitos úteis, conduziu a uma acumulação de resíduos nucleares que poderiam aniquilar toda a humanidade numa questão de segundos. Este capítulo aborda, portanto, as formas de eliminar esses resíduos.

Introdução

A radioatividade é um fenómeno natural e as fontes naturais de radiação são parte integrante do ambiente. As radiações e as substâncias radioactivas têm muitas aplicações úteis, desde a produção de energia até às aplicações médicas, industriais e agrícolas. Os riscos de radiação decorrentes destas aplicações para os trabalhadores, o público e o ambiente devem ser avaliados e, se necessário, controlados. Por conseguinte, devem ser aplicadas normas de segurança a actividades como as aplicações médicas das radiações, a exploração de instalações nucleares, a produção, o transporte e a utilização de substâncias radioactivas e a gestão dos resíduos radioactivos. A regulamentação da segurança é uma tarefa nacional. A cooperação internacional visa promover e melhorar a segurança a nível mundial através do intercâmbio de experiências e da melhoria das capacidades de controlo dos riscos, prevenção de acidentes, resposta a emergências e atenuação dos efeitos adversos.

A gestão dos resíduos radioactivos desenvolveu-se a partir de uma pequena empresa que envolvia inicialmente pessoas com poucos ou nenhuns conhecimentos especializados sobre radioatividade. A gestão dos resíduos radioactivos é uma profissão a tempo inteiro, que vai da investigação ao trabalho no terreno, e em alguns países é uma indústria lucrativa. Os membros desta profissão consideram ser seu dever garantir que os cidadãos e as pessoas que trabalham no domínio da energia nuclear não sejam afectados pelos materiais radioactivos pelos quais são responsáveis. Com a sua formação em física da saúde, isto leva-os por vezes a tomar a posição mais elevada, que a indústria considera demasiado restritiva, enquanto as recentes controvérsias os empurram ironicamente para o papel de poluidores particularmente perigosos (Bhaita, 2011).

Quando se trata de escolher um determinado sistema de gestão de resíduos, por exemplo, um determinado tipo de central nuclear, é necessária uma ponderação muito mais consciente dos custos e benefícios. Existe, no entanto, uma dificuldade fundamental que impossibilitou, até à data, a expressão deste compromisso em números. A caraterística de um rácio é que o numerador e o denominador devem ter as mesmas unidades. Deveria ser possível expressar a maior parte dos benefícios da energia nuclear, mas se os custos da energia nuclear forem vistos como um aumento da probabilidade de as pessoas desenvolverem cancro ou terem uma esperança de vida reduzida, como podem ser expressos em termos financeiros? A determinação de uma verdadeira relação custo/benefício é mais do que um sonho, pelo que os responsáveis pela aprovação de um sistema de gestão de resíduos ou de uma nova central nuclear são, em última análise, confrontados com um juízo de valor que é, pelo menos em certa medida, subjetivo (Bhaita, 2011). O presente relatório trata da poluição causada por processos nucleares

8.1 Classificação dos resíduos radioactivos

Resíduos excluídos (e.p.)

Os resíduos excluídos são aqueles que contêm concentrações tão baixas de radionuclídeos que não são necessárias medidas de proteção contra as radiações, quer os resíduos sejam eliminados em aterros convencionais quer sejam reciclados. Estes materiais podem ser isentos de controlo regulamentar e não requerem consideração adicional do ponto de vista do controlo regulamentar (IAEA, 2000).

Resíduos de vida muito curta (VSLW)

Os resíduos de vida muito curta são resíduos que contêm apenas radionuclídeos com uma semi-vida muito curta e cujas concentrações de atividade são superiores aos valores de isenção. Estes resíduos podem ser armazenados até que a sua atividade desça abaixo dos níveis de isenção, de modo a que os resíduos libertados possam ser eliminados como resíduos convencionais. Exemplos de resíduos de vida muito curta são os resíduos de fontes que utilizam 192Ir e 99mTc, bem como os resíduos que contêm outros radionuclídeos de meia-vida curta provenientes de aplicações industriais e médicas.

A classificação dos resíduos como VSLW depende naturalmente da data em que os resíduos são afectados a uma classificação. Em resultado do decaimento radioativo, os VSLW são classificados como resíduos libertados. O sistema de classificação não é, por conseguinte, rígido, mas depende das condições reais dos resíduos em causa no momento da avaliação. Isto reflecte a flexibilidade oferecida pela desintegração radioactiva para a gestão dos resíduos radioactivos (AIEA, 2006).

Resíduos de muito baixo nível (VLLW)

A exploração e o desmantelamento de instalações nucleares produzem quantidades consideráveis de resíduos com concentrações de atividade na gama dos valores fixados para a libertação de materiais sujeitos a controlo regulamentar, ou ligeiramente superiores. Outros resíduos deste tipo, contendo radionuclídeos de origem natural, podem provir da extração ou processamento de minérios e minerais (IAEA, 2006).

Resíduos de fraco nível de atividade (LLW)

Nos sistemas de classificação anteriores, os resíduos de fraco nível radioativo eram definidos como resíduos radioactivos que não exigiam confinamento em condições normais de manuseamento e transporte. Os resíduos de fraco nível radioativo são resíduos adequados para eliminação final perto da superfície. Trata-se de uma opção de gestão para os resíduos que contêm uma quantidade de material radioativo tal que é necessário um confinamento e isolamento robustos durante períodos limitados, até algumas centenas de anos. Esta classe abrange uma gama muito vasta de resíduos radioactivos. Vai desde os resíduos radioactivos cujo nível de atividade é ligeiramente superior ao dos VLLW, ou seja, que não requerem confinamento ou requerem um confinamento e isolamento particularmente robustos, até aos resíduos radioactivos cuja concentração de atividade é tal que requerem um confinamento e um isolamento mais robustos por períodos que podem ir até várias centenas de anos (ADSN, 2005).

Resíduos de nível intermédio (ILW)

Os resíduos de nível médio são resíduos que contêm radionuclídeos de longa vida em quantidades que exigem um nível de confinamento e isolamento da biosfera superior ao que é possível com a eliminação final perto da superfície. Para os resíduos de nível intermédio, é adequada a eliminação final numa instalação localizada a uma profundidade de algumas dezenas a algumas centenas de metros. A eliminação final a tais profundidades tem o potencial de garantir um longo período de isolamento do ambiente acessível, se as barreiras naturais e técnicas do sistema de eliminação final forem corretamente escolhidas. Em particular, a estas profundidades, não se registam geralmente efeitos negativos da erosão a curto ou médio prazo. Outra vantagem importante da eliminação final a média profundidade é que, em comparação com os depósitos próximos da superfície adequados para resíduos de fraco nível de atividade, a probabilidade de intrusão humana inadvertida é significativamente menor. Consequentemente, a segurança a longo prazo dos depósitos a estas profundidades intermédias não dependerá da aplicação de controlos institucionais (IAEA, 2000).

Resíduos de alto nível (HLW)

Os resíduos de alto nível são definidos como resíduos que contêm concentrações tão elevadas de radionuclídeos de vida curta e de vida longa que, em comparação com os LMA, é necessário um nível mais elevado de confinamento e isolamento do ambiente acessível para garantir a segurança a longo prazo. Esse confinamento e isolamento são geralmente assegurados pela integridade e estabilidade do depósito geológico profundo com barreiras artificiais. Os resíduos altamente radioactivos geram quantidades consideráveis de calor em resultado do seu decaimento radioativo, geralmente durante vários séculos. A dissipação do calor é um fator importante a ter em conta no planeamento dos locais de eliminação geológica.

Os resíduos de alto nível têm geralmente concentrações de atividade da ordem dos 104-106 TBq/m3 (por exemplo, no caso do combustível irradiado fresco proveniente de reactores de potência, que é considerado resíduo radioativo em alguns países). Os resíduos de alto nível incluem os resíduos acondicionados provenientes do reprocessamento do combustível irradiado e todos os outros resíduos que exigem um nível comparável de confinamento e isolamento. No momento da eliminação final, após algumas décadas de arrefecimento, os resíduos que contêm esses produtos de cisão mistos têm normalmente concentrações de atividade de cerca de 104 TBq/m3 . Para efeitos de notificação na pendência da construção de instalações de eliminação final de resíduos de alto nível, as autoridades nacionais podem determinar, com base em casos de segurança geral, que certos resíduos são LMA ou resíduos de alto nível (AIEA, 2004).

8.2 Resíduos produzidos por centrais nucleares

Os resíduos de nível médio e baixo (L&ILW) produzidos em centrais nucleares resultam da contaminação de vários materiais por radionuclídeos produzidos por cisão e ativação no reator ou libertados do combustível ou dos tubos de revestimento. Os radionuclídeos são principalmente libertados e recolhidos no sistema de arrefecimento do reator e, em menor escala, na piscina de armazenagem de combustível irradiado.

Os principais resíduos gerados pelo funcionamento de uma central nuclear são os componentes retirados durante a substituição do combustível ou a manutenção (principalmente sólidos activados, por exemplo, aço inoxidável contendo cobalto 60 e níquel 63) ou resíduos operacionais, como líquidos radioactivos, filtros e resinas de permuta iónica contaminados com produtos de cisão provenientes de circuitos que contêm líquido de arrefecimento. A fim de reduzir a quantidade de resíduos a armazenar temporariamente e de minimizar os custos de eliminação, todos os países estão a tomar medidas para reduzir o volume de resíduos produzidos, sempre que tal seja viável, ou tencionam fazê-lo. A redução do volume é de particular interesse para os resíduos de fraco nível de atividade, que têm geralmente um volume elevado mas uma atividade radiológica reduzida. Podem ser conseguidas melhorias consideráveis através de medidas administrativas, como a substituição de toalhas de papel por secadores de ar quente, a introdução de vestuário de proteção reutilizável e durável, etc., bem como através de melhorias gerais na implementação operacional ou "housekeeping" (**Efremenkov, 1989**).

8.3 Resíduos líquidos e resíduos sólidos húmidos

Os fluxos de resíduos produzidos variam de acordo com os diferentes tipos de reactores atualmente em funcionamento comercial em todo o mundo. Estes fluxos diferem tanto no seu teor de atividade como na quantidade de resíduos líquidos gerados. Os reactores arrefecidos a água e os reactores moderados produzem mais resíduos líquidos do que os reactores arrefecidos a gás. As quantidades de resíduos líquidos produzidos pelos reactores de água em ebulição (BWR) são significativamente superiores às produzidas pelos reactores de água pressurizada (PWR). Como a limpeza

O sistema do reator de água pesada (HWR) funciona principalmente com Onc por permuta iónica.

técnicas de reutilização de águas pesadas, não é produzido praticamente nenhum concentrado líquido.

Os resíduos líquidos activos são produzidos durante a limpeza dos refrigerantes primários (PWR, SWR), a limpeza da piscina de armazenagem de combustível irradiado, os drenos, as águas de lavagem e as águas de fuga. As operações de descontaminação do reator produzem também resíduos líquidos provenientes de operações de manutenção de tubagens e equipamentos. Os resíduos de descontaminação podem incluir petróleo bruto (produtos de corrosão) e uma grande variedade de substâncias orgânicas, como o ácido oxálico e o ácido cítrico.

Os sólidos húmidos são outra categoria de resíduos produzidos nas centrais nucleares. Incluem vários tipos de resinas de permuta iónica usadas, meios filtrantes e lamas. As resinas gastas constituem a maioria dos resíduos sólidos húmidos produzidos em reactores de potência. As resinas de grânulos são utilizadas em instalações de desmineralização profunda e são amplamente utilizadas em centrais nucleares. As resinas em pó são raramente utilizadas em PWRs, mas são comuns em BWRs equipados com sistemas de dessalinização por filtração pré-revestidos. Em muitos reactores de água em ebulição, os "polidores de condensados", utilizados para uma maior purificação da água condensada após a evaporação dos resíduos líquidos, são uma fonte importante de resíduos de resinas em pó. Os filtros pré-revestidos, utilizados nas centrais nucleares para tratar os resíduos líquidos, produzem outro tipo de resíduos sólidos húmidos - as lamas de filtração. Os adjuvantes de filtração - normalmente terra de diatomáceas ou fibras de celulose - e os materiais grosseiros removidos dos resíduos líquidos formam as lamas de filtração. Alguns sistemas de filtragem não requerem auxiliares de filtragem. As lamas produzidas nesses sistemas não contêm, portanto, outros materiais (**Efremenkov, 1989**).

8.4 Eliminação de resíduos nucleares

É evidente que as actividades humanas que transformam algo noutra coisa produzem resíduos. A conversão de energia de uma forma para outra não é exceção. Uma coisa é a indústria reciclar os seus resíduos e transformar uma parte deles numa forma útil, mas há sempre um resíduo mínimo que não pode permanecer no sistema. Este deve ser eliminado no ambiente. O processo mais económico consiste geralmente em eliminá-lo de uma forma que garanta uma diluição suficiente para o tornar inofensivo. Existem três métodos principais de eliminação dos resíduos radioactivos: concentração, diluição e dispersão, retardamento e decaimento (Bhaita, 2011).

8.5 Tratamento e acondicionamento de resíduos líquidos e sólidos

Os resíduos radioactivos líquidos gerados por aplicações nucleares contêm geralmente componentes radioactivos solúveis e insolúveis (produtos de cisão e de corrosão), bem como substâncias não radioactivas. O objetivo geral dos métodos de tratamento de resíduos é descontaminar suficientemente os resíduos líquidos para que o volume descontaminado de resíduos aquosos possa ser descarregado no ambiente ou reciclado. O concentrado de resíduos é sujeito a um maior acondicionamento, armazenamento e eliminação. Uma vez que as aplicações nucleares produzem quase todas as categorias de resíduos líquidos, são utilizados quase todos os processos de tratamento de efluentes radioactivos. São normalmente utilizadas técnicas normalizadas para descontaminar os fluxos de resíduos líquidos. Cada processo tem um efeito particular sobre o conteúdo radioativo do líquido. A medida em que são utilizados em combinação depende da quantidade e da fonte de contaminação. Estão disponíveis quatro processos técnicos principais para o tratamento de resíduos líquidos: evaporação, precipitação química/floculação, separação em fase sólida e permuta iónica.

Estas técnicas de tratamento estão bem estabelecidas e são amplamente utilizadas. No entanto, estão a ser feitos esforços em muitos países para melhorar a segurança e a relação custo-eficácia com base em novas tecnologias. O melhor efeito de redução de volume em comparação com outras técnicas é conseguido através da evaporação. [46]Dependendo da composição do efluente líquido e do tipo de evaporador, podem ser alcançados factores de descontaminação entre 10 e 10. A evaporação é um método comprovado para o tratamento de resíduos radioactivos líquidos, proporcionando uma boa descontaminação e redução de volume. A água é removida na fase de vapor do processo, deixando para trás componentes não voláteis, como os sais, que contêm a maior parte dos radionuclídeos. A evaporação é provavelmente a melhor técnica para resíduos com um teor relativamente elevado de sais e uma composição química muito heterogénea. Embora se trate de um processo relativamente simples, utilizado com êxito há muitos anos na indústria química convencional, a sua aplicação ao tratamento de resíduos radioactivos pode dar origem a problemas como a corrosão, a formação de incrustações e a formação de espuma. Estes problemas podem ser reduzidos através de medidas adequadas. Por exemplo, o pH pode ser ajustado para reduzir a corrosão; os materiais orgânicos podem ser removidos para reduzir a formação de espuma ou podem ser adicionados agentes anti-espuma; e o sistema de evaporação pode ser limpo com ácido nítrico para remover depósitos e subsequente passivação do material de construção. Até à data, a redução de volume por evaporação de águas residuais de baixa radioatividade tem sido sempre suficientemente eficaz para que o condensado limpo possa ser descarregado no ambiente sem tratamento adicional. Os métodos de precipitação química, baseados no princípio da separação por coagulação-floculação, são geralmente utilizados na indústria nuclear para tratar efluentes líquidos de baixa atividade com um elevado teor de sal e de lamas. A sua eficácia depende em grande medida da composição química e radioquímica do efluente líquido. A maioria dos radionuclídeos pode ser precipitada, co-precipitada e adsorvida por compostos insolúveis, tais como hidróxidos, carbonatos, fosfatos e ferrocianetos, sendo assim removidos da solução. Os precipitados também arrastam as partículas suspensas da solução por arrastamento físico. No entanto, por várias razões, a separação nunca é completa e os factores de descontaminação obtidos podem ser relativamente baixos. É por esta razão que o tratamento químico é geralmente utilizado em combinação com outros métodos mais eficazes.

A separação da fase sólida é efectuada para remover os sólidos suspensos e sedimentados dos resíduos líquidos. Existem diferentes tipos de equipamento de separação, todos baseados nos que são regularmente utilizados nas estações de tratamento de água e de águas residuais industriais tradicionais. Os tipos mais comuns são os filtros, as centrifugadoras e os hidrociclones. A separação de partículas é uma tecnologia comprovada. Quase todas as instalações nucleares utilizam dispositivos mecânicos para separar as partículas suspensas em fluxos de resíduos líquidos. Em geral, os dispositivos de separação são necessários para remover as partículas que podem interferir com os processos subsequentes de tratamento de resíduos líquidos, como a permuta iónica, ou com a reutilização da água. Os filtros típicos podem remover partículas submicrónicas, particularmente quando é utilizado um pré-revestimento. Quando o filtro está esgotado, ou é "lavado em contracorrente" para obter uma lama com cerca de 20-40% de sólidos ou, no caso dos filtros de cartucho, toda a unidade é substituída. Os processos de permuta iónica são amplamente utilizados para tratar efluentes líquidos em centrais nucleares. Os exemplos incluem a limpeza dos circuitos de arrefecimento primário e secundário nos reactores de água, o tratamento da água nas piscinas de armazenamento de combustível e o polimento do condensado após a evaporação.

Os resíduos radioactivos líquidos devem geralmente satisfazer os seguintes critérios para serem elegíveis para tratamento por permuta iónica: A concentração de sólidos em suspensão nos resíduos deve ser baixa; os resíduos devem ter um baixo teor total de sais (normalmente menos de 1 grama por litro); e os radionuclídeos devem estar numa forma iónica adequada. (Podem ser utilizados filtros de pó de resina pré-revestidos para remover os colóides). Na maioria dos sistemas concebidos, os processos de permuta iónica utilizam um leito fixo de material de permuta iónica colocado numa coluna através da qual o efluente contaminado flui, quer para cima quer para baixo. O material de permuta iónica pode ser regenerado assim que os grupos activos atingirem a saturação (capacidade de rutura). Alguns tipos de permutadores de iões são também eliminados como resíduos concentrados, que são solidificados. Consequentemente, o processo de permuta iónica é um processo semi-contínuo e requer uma manutenção significativa através de lavagem, regeneração, enxaguamento e reenchimento. Os sólidos húmidos resultantes do tratamento de resíduos líquidos necessitam ainda de ser transformados em produtos sólidos para eliminação final. Os processos de imobilização envolvem a transformação dos resíduos em formas química e fisicamente estáveis, que reduzem o potencial de migração ou dispersão de radionuclídeos por processos que poderiam ocorrer durante a armazenagem, o transporte e a eliminação. Sempre que possível, o acondicionamento dos resíduos deve também resultar numa redução do seu volume. Os métodos mais utilizados para o acondicionamento de sólidos húmidos são a cimentação, a betumetização ou a incorporação em polímeros. A imobilização de resíduos radioactivos com cimento é praticada há muitos anos em muitos países. O cimento tem uma série de vantagens, incluindo o baixo custo e um equipamento de processamento relativamente simples. A sua densidade relativamente elevada confere às formas de resíduos um grau considerável de auto-blindagem, reduzindo a necessidade de blindagem adicional do pacote. Nalguns casos, podem ser utilizados passos de pré-tratamento químico ou físico para obter um produto de qualidade aceitável. Por vezes, podem ser utilizados materiais alternativos adicionais, como as cinzas de combustível pulverizadas e as escórias de alto-forno. Estes comportam-se de forma semelhante ao cimento simples.

A betumenização é também utilizada há alguns anos em vários países para solidificar os sólidos húmidos. A betuminização é um processo a quente que seca o fluxo húmido antes de o imobilizar e condicionar. Isto reduz consideravelmente o volume de resíduos acondicionados a eliminar, poupando assim dinheiro. No entanto, o betume é potencialmente inflamável e requer precauções especiais para evitar uma ignição acidental. No entanto, a betumenização está a tornar-se cada vez mais popular entre os produtores de resíduos e é utilizada para acondicionar resíduos radioactivos em centrais nucleares nos EUA, Japão, Suécia, URSS, Suíça e outros países. A inclusão de sólidos húmidos em plásticos ou polímeros é um processo de imobilização relativamente novo em comparação com a utilização de cimento ou betume. A utilização de polímeros como resinas de poliéster, ésteres vinílicos ou epóxis é geralmente limitada a aplicações em que o cimento ou o betume não são tecnicamente adequados. Estes polímeros são significativamente mais caros e requerem instalações de processamento relativamente complexas. Os polímeros têm a vantagem de serem mais resistentes à fuga de radionuclídeos e são geralmente quimicamente inertes. Recentemente, tem havido um interesse crescente na utilização de unidades móveis para o acondicionamento de resíduos radioactivos provenientes de centrais nucleares. Tal deve-se ao facto de permitirem poupar nos custos de investimento quando o volume de resíduos produzidos no local é reduzido. As unidades móveis de imobilização para acondicionamento de resíduos radioactivos provenientes de centrais nucleares são utilizadas, por exemplo, nos Estados Unidos, na República Federal da Alemanha e em França. A maior parte delas utiliza o processo de cimentação, embora também tenham sido desenvolvidos vários conceitos que utilizam polímeros.

8.6 Resíduos gasosos e aerossóis radioactivos

As aplicações nucleares produzem determinados resíduos radioactivos suspensos no ar, quer sob a forma de partículas ou aerossóis, quer sob a forma de gases. Os aerossóis radioactivos podem ser produzidos numa vasta gama de tamanhos de partículas, sob a forma líquida ou sólida, eventualmente em combinação com aerossóis não radioactivos. As três principais fontes de aerossóis são a emissão de produtos de corrosão e de cisão activados, o decaimento radioativo de gases em elementos não voláteis e a adsorção de radionuclídeos voláteis de cisão na matéria em suspensão existente.

Os principais radionuclídeos voláteis que constituem os resíduos radioactivos gasosos produzidos durante o funcionamento normal das centrais nucleares são os halogéneos, os gases nobres, o trítio e o carbono-14. A composição e a quantidade de radioatividade nos vários efluentes gasosos dependem em grande medida do tipo de reator e da via de libertação. Todos os efluentes gasosos das centrais nucleares são tratados antes de serem lançados na atmosfera, a fim de eliminar a maior parte dos componentes radioactivos dos efluentes.

8.7 Tratamento de águas residuais gasosas

Em todas as aplicações nucleares, é comum que os gases contaminados e o ar dos edifícios passem primeiro por filtros para remover a atividade de pânico antes de serem libertados para a atmosfera através de chaminés. Nos sistemas de ventilação e purificação do ar, são geralmente utilizados pré-filtros grosseiros, seguidos de filtros HEPA (High Efficiency Particulate Air). Os filtros HEPA têm normalmente uma eficiência de 99,9% ou superior para partículas tão pequenas como 0,3 mm. O iodo radioativo, que é produzido durante o funcionamento das centrais eléctricas, é sistematicamente eliminado por filtros de carvão ativado impregnado combinados com filtros anti-pânico.

A impregnação é necessária para reter os compostos orgânicos de iodo nos gases de escape. Dado que os gases nobres radioactivos libertados em pequenas quantidades pelos elementos combustíveis têm sobretudo uma vida curta, o retardamento da sua libertação reduz consideravelmente as quantidades que acabam por ser libertadas no ambiente pelos processos de decaimento radioativo. Para o efeito, são utilizadas duas técnicas de retardamento: a armazenagem em reservatórios especiais ou a passagem por leitos de retardamento de carbono. No caso do armazenamento por decaimento, os gases nobres e o seu gás de transporte são primeiro bombeados para tanques de gás, que são depois fechados. Após um período de armazenamento de 30 a 60 dias, o conteúdo dos tanques é libertado para a atmosfera através de um sistema de ventilação. Se a libertação não for autorizada, o período de armazenamento pode ser prolongado. Os leitos de libertação retardada são constituídos por uma série de reservatórios cheios de carvão, que retardam a passagem dos gases nobres em relação ao gás portador e permitem o decaimento radioativo.

8.8 Tratamento e acondicionamento de resíduos sólidos

Uma aplicação nuclear gera diferentes tipos de resíduos sólidos secos contendo substâncias radioactivas. A natureza destes resíduos varia consideravelmente de uma instalação para outra e pode incluir partes supérfluas da instalação do reator, filtros do sistema de ventilação, revestimentos de pavimentos, ferramentas contaminadas, etc. Outra fonte de resíduos sólidos é a acumulação de papel, plástico, borracha, trapos, vestuário e pequenos objectos de metal ou vidro utilizados durante o funcionamento.

e manutenção da central nuclear. Em função da sua natureza física e dos métodos de tratamento subsequentes, os resíduos sólidos secos são geralmente classificados em quatro categorias principais: combustíveis, não combustíveis, compactáveis e não compactáveis. No entanto, cada instalação tem geralmente o seu próprio nível de classificação em função das condições prevalecentes. Um dos principais objectivos do tratamento dos resíduos sólidos é reduzir ao máximo as quantidades de resíduos a armazenar e a eliminar e concentrar e imobilizar ao máximo a radioatividade contida nos resíduos. Uma vez que os resíduos radioactivos sólidos das centrais nucleares são constituídos por uma vasta gama de materiais e formas, nenhuma técnica isolada pode tratar adequadamente estes resíduos; geralmente, é utilizada uma combinação de técnicas de tratamento. A técnica mais básica e comum para o tratamento da maioria das partes volumosas dos resíduos sólidos é a compactação. Este método reduz a necessidade de armazenamento e o volume de eliminação numa medida razoável, mas pouco faz para melhorar as propriedades dos resíduos para uma gestão a longo prazo. A experiência demonstrou que entre 50 e 80% dos resíduos radioactivos sólidos produzidos pelas centrais nucleares podem ser considerados resíduos combustíveis. Em vários aspectos, a incineração destes resíduos representa uma melhoria considerável em relação à simples compactação. É possível obter uma redução muito significativa do volume e da massa.

O produto final é uma cinza homogénea que pode ser acondicionada em contentores para armazenamento e eliminação. Embora a incineração só seja adequada para resíduos combustíveis, tem a vantagem de poder destruir líquidos orgânicos, como óleos, gorduras ou solventes, que de outra forma são difíceis de tratar. Pequenas quantidades de resíduos sólidos são habitualmente incineradas em instalações relativamente simples. Estes incineradores estão atualmente instalados em centrais nucleares nos Estados Unidos, Japão, Canadá e outros países. Incineradores mais avançados, capazes de queimar resíduos com uma atividade específica relativamente elevada, são instalados em instalações centrais de tratamento de resíduos, que podem aceitar resíduos de muitas instalações no país e no estrangeiro. Estas instalações estão em funcionamento na Suécia, Bélgica, França e noutros países.

O corte, a trituração e a moagem são utilizados como pré-tratamento para compactação ou incineração, a fim de reduzir o tamanho físico de diferentes materiais residuais. O papel, o plástico, o tecido, o cartão, a madeira e os metais podem ser reduzidos a pedaços semelhantes a tiras, enquanto os materiais frágeis, como o vidro ou os blocos de betão, podem ser partidos em fragmentos mais pequenos. Estas técnicas também podem ser utilizadas como métodos autónomos para reduzir o volume de resíduos sólidos (**Efremenkov, 1989**).

8.9 Novas tecnologias utilizadas para tratar os resíduos nucleares

As tecnologias recentes ainda válidas para o tratamento de resíduos radioactivos incluem as seguintes:

1. Método de tratamento químico
2. Método de tratamento físico
3. Tecnologia de membranas
4. Processos eléctricos e magnéticos
5. Tratamento das actividades concentradas (Bhaita, 2011)

Conclusão

Não existe uma recomendação rígida quanto ao processo adequado para tratar os resíduos nucleares, uma vez que a tecnologia de gestão de resíduos se estende à análise do movimento e dos efeitos potenciais do material radioativo eliminado num futuro distante. Embora existam muitas provas que sugerem que a indústria nuclear presta mais atenção aos resíduos que produz do que qualquer outra indústria, estes estudos sugerem, no entanto, que deve ser efectuada mais investigação sobre os resíduos com vista à sua limpeza até atingir níveis de poluição nulos.

Referências

Bhaita, S.C. (2011). "*Poluição ambiental e controlo nas indústrias de processos químicos*". 2ª edição, Kanna Publishers India, p. 1273.

Efremenkov, V.M, (1989) La gestion des déchets radioactifs dans les centrales nucléaires. BOLETIM DA IAEA, 4/1989

AGÊNCIA INTERNACIONAL DE ENERGIA ATÓMICA, Geological Disposal of Radioactive Waste, IAEA Safety Standards Series No. WS-R-4, IAEA, Viena (2006).

AGÊNCIA INTERNACIONAL DE ENERGIA ATÓMICA, Application of the Concepts of Exclusion, Exemption and Clearance, IAEA Safety Standards Series No. RS-G-1.7, IAEA, Viena (2004).

AGÊNCIA INTERNACIONAL DE ENERGIA ATÓMICA, Regulatory Control of Radioactive Discharges to the Environment, IAEA Safety Standards Series No. WS-G-2.3, IAEA, Viena (2000).

AUTHORITE DE SURETE NUCLEAIRE, Convenção Conjunta sobre a Segurança da Gestão do Combustível Irradiado e a Segurança da Gestão dos Resíduos Radioactivos: Deuxième rapport national sur le respect des obligations de la France au titre de la Convention, ASN, Paris (2005).

Printed by Books on Demand GmbH, Norderstedt / Germany